**천재 유대인 수학자
야곱 트라첸버그의**

수학선생님도
몰래 보는
스피드 계산법

천재 유대인 수학자
야곱 트라첸버그의

수학선생님도
몰래 보는
스피드 계산법

야곱 트라첸버그 저 김아림 역

봄봄스쿨

contents

천재 유대인 수학자가 정리한 경이로운 수학 연산법! ············ 6

CHAPTER 1

구구단 없이도 곱셈이 가능할까? ············ 8
간단한 곱셈 ··· 8
11을 곱하는 경우 ······································ 9
12를 곱하는 경우 ····································· 13
6을 곱하는 경우 ······································ 15
7을 곱하는 경우 ······································ 22
5를 곱하는 경우 ······································ 26
8과 9를 곱하는 경우 ································· 28
4를 곱하는 경우 ······································ 33
그밖의 숫자를 곱하는 곱셈 ························· 36
유의할 점 ··· 38

CHAPTER 2

빠르게 계산하는 직접 곱셈법 ············ 40
두 자리 수와 두 자리 수의 곱셈 ··················· 41
세 자리 수 이상의 곱셈 ····························· 46
세 자리 수를 곱할 때 ································ 54
큰 수를 곱할 때 ······································ 58
요약 ·· 60
검산하기 ··· 60

CHAPTER 3

UT 곱셈법 ············ 64
한 자리 수를 곱할 때 ································ 70
두 자리 수를 곱할 때 ································ 74
긴 수에 두 자리 수를 곱할 때 ······················ 79
세 자리 수를 곱할 때 ································ 80
요약 ·· 82

CHAPTER 4

덧셈 계산하기 · 86

- 총합 구하기 · 87
- 검산하기 · 95
- 일반적인 검산법 · 101
- 11 나머지 방법 · 105

CHAPTER 5

빠르고 정확한 나눗셈 · 110

- 간단하게 나눗셈 하기 · 111
- 빠른 방법으로 나눗셈 하기 · 118
- 나눗셈 과정 · 120
- 자세한 계산 방법 · 125
- 제수가 세 자리 수일 때 · 134
- 제수가 긴 나눗셈 · 142
- 나눗셈의 검산 · 150

CHAPTER 6

제곱과 제곱근 · 158

- 제곱 구하기 · 160
- 세 자리 수의 제곱 · 166
- 제곱근 구하기 · 170
- 일곱 자리 수와 여덟 자리 수의 제곱근 · 187
- 자릿수가 더 많은 수의 제곱근 구하기 · 196
- 검산 · 197

CHAPTER 7

계산법의 대수적인 표현 · 200

- 11을 곱하는 법칙 · 205
- 대수적인 조작 · 209
- 대수학으로 본 트라첸버그 계산법 · 220
- 구구단을 쓰지 않는 일반적인 곱셈법 · 224
- UT 곱셈법으로 곱셈하기 · 230
- 숫자의 일반적인 표현 · 235

스피드 계산법을 마치며 · 238

천재 유대인 수학자가 정리한
경이로운 수학 연산법!

스위스 취리히에 수학 학교를 설립한 야곱 트라첸버그는 누구든 '경이로운 계산 능력'이 있다는 확신을 갖고 매우 놀라운 계산법을 고안해냈다.

그가 이렇게 놀라운 계산법을 만들어낸 것은 히틀러의 포로수용소에 정치범으로 갇혀 있던 때였다. 책이나 노트, 연필조차 없는 상황에서 그는 오직 숫자의 논리를 머릿속에 떠올리며 견뎌냈다. 아주 큰 수들의 덧셈을 떠올리고 그것들을 머릿속에서 더하고 조작하는 새로운 방법을 찾았는데, 큰 수를 기억하는 일이 어렵기 때문에 어린아이들도 할 수 있을 만큼 쉬운 덧셈 방법을 개발하게 된 것이다.

1950년, 트라첸버그는 스위스 취리히에 수학 학교를 세우게 된다. 과거 낡은 방식의 수학 공부에 염증을 느낀 이들은 이 계산법의 단순성에 매료되기 시작했다. 학생들은 새로 얻은 수학적 재주를 자랑스러워하며 뽐냈다.

트라첸버그의 스피드 계산법은 우리에게 익숙한 계산법과는 근본적으로 다르다. 구구단도 없고 나눗셈도 없다. 수를 세는 능력이 있고 몇몇 규칙들만 배우고 나면 계산 문제를 즐겁고 쉽게 풀게 된다. 숫자를 '읽을' 수 있게 되기 때문이다.

이 계산법의 장점은 쉽고 빠르게 그리고 정확하게 계산할 수 있다는 것이다. 교육학자들은 트라첸버그의 스피드 계산법이 계산에 걸리는 시간을 80퍼센트나 단축시킨다고 말한다. 인간이나 기계를 통해 이루어지는 계산은 항상 오류의 위험에 노출되어 있다. 하지만 트라첸버그 계산법은 특유의 검산법을 통해 이러한 오류를 90퍼센트나 줄여준다. 놀랄만한 수치이다. 이 계산법을 실용적이라고 하는 이유는 완벽한 계산법이기 때문이다. 통상적인 계산법보다 훨씬 쉽기 때문에 수학에 천재적인 능력이 없어도 어떤 복잡한 문제도 풀어낼 수 있다.

무엇보다 이 새롭고 혁명적인 계산법의 가장 큰 장점은 수학에 흥미를 잃은 사람들에게 수학의 즐거움을 일깨워준다는 점이다. 학생들에게 자신감을 주고 도전정신을 자극해 오늘날 학교에서 '가장 미움을 받는 과목'인 수학에 통달할 수 있도록 도와준다. 트라첸버그 교수는 많은 사람들이 수학을 어려워하는 이유가 이해하기 어려운 학문이라서가 아니라 시대에 뒤떨어진 교수법에 있다고 믿었다. 많은 교육학자들도 여기에 동의하고 있다.

이 책은 스피드 계산법을 다루면서 몇몇 부분은 좀 더 계산을 쉽게 하도록 기존 방법을 사용했다. 이 부분들은 본문 중에 밝혀놓았다. 부디 이 책을 통해 스피드 계산법(트라첸버그 계산법)을 익숙하게 사용하고 수학을 즐기게 되기를 바란다.

CHAPTER 1

 구구단 없이도 곱셈이 가능할까?

간단한 곱셈

우리는 머리말에서 유대인 스피드 수학의 목적이 무엇인지 살펴보았다. 이제 구체적으로 들어가 곱셈을 간단히 하는 새로운 방법을 알아보자. 구구단을 떠올리지 않고 곱셈을 하는 것이 불가능할까? 아니다. 가능한 정도가 아니라 놀랍게도 아주 쉽다.

그렇다고 구구단을 사용하지 말자는 것은 아니다. 대부분의 사람은 구구단을 매우 잘 알고 있고, 몇몇 아리송한 부분을 제외하고는 거의 완벽하게 외운다. 8 곱하기 7, 6 곱하기 9를 답할 때 많은 사람이 순간 멈칫하지만, 4 곱하기 5 같이 작은 숫자의 구구단은 쉽게 답한다. 그러므로 힘들게 외운 구구단을 버리라는 것이 아니라 계산을 더욱 쉽고 빠르게 하도록 도와주려는 것이다. 1장의 뒷부분에서 이 점이 다시 강조된다. 이제 구구단을 외우지 않고 몇 가지 곱셈을 해보자.

먼저 어떤 수에 11을 곱하는 경우를 살펴보자. 여러분이 알기 쉽도록 각 계산법의 처음은 규칙을 살펴보면서 시작하겠다.

11을 곱하는 경우

규칙 ① 원래 수(피승수 : 곱해지기 전의 수)의 마지막 숫자를 답의 맨 오른쪽
에 적는다.
규칙 ② 이어지는 숫자를 각각의 오른쪽 숫자와 더하여 답에 적는다.
규칙 ③ 마지막으로, 원래 수의 첫 번째 숫자를 답의 맨 왼쪽에 적는다.

이 계산법을 사용하면 오른쪽에서 왼쪽으로 한 번에 답을 쓸 수 있다. 쉬운 예로 633을 11과 곱해보자.

$$\underline{633} \times 11$$
답 쓰는 곳

위의 규칙을 적용해서 오른쪽에서 왼쪽으로, 633 아래에 한 자씩 답을 적어보자. 앞으로 계속 이런 방식을 따를 것이다. 예시에서 원래 수 위에 찍힌 별표는 각 단계에서 계산하고 있는 숫자를 알아보기 편하게 하려는 표시이다. 이제 규칙을 적용해보자.

규칙 ①
633의 마지막 숫자를 답의 맨 오른쪽에 적는다.

$$63\overset{*}{3} \times 11$$
$$3$$

규칙 ②
633에서 다음으로 오는 숫자를 오른쪽 숫자와 더한다. 즉 3 더하기 3이므로 6이 된다.

$$6\overset{*}{3}3 \times 11$$
$$63$$

이 규칙을 다시 적용하면 6 더하기 3이므로 9가 된다.

$$\overset{*}{6}\overset{*}{3}3 \times 11$$
$$963$$

규칙 ③
633의 첫 번째 숫자인 6을 답의 맨 왼쪽에 적는다.
답은 6,963이 된다.

$$\begin{array}{r} 6\overset{*}{3}3 \times 11 \\ \hline 6963 \end{array}$$

더 긴 수도 똑같은 방식으로 풀 수 있다. 위 예시에서 두 번째 규칙인 '다음으로 오는 숫자를 오른쪽 숫자와 더하여 답에 적는다.'를 두 번 적용했다면, 더 긴 수는 여러 번 적용하면 된다. 721,324에 11을 곱해보자.

$$721324 \times 11$$

규칙 ①
721,324의 마지막 숫자를 답의 맨 오른쪽에 적는다.

$$\begin{array}{r} 72132\overset{*}{4} \times 11 \\ \hline 4 \end{array}$$

규칙 ②
721,324에서 다음에 이어지는 숫자를 각각 오른쪽 숫자와 더하라.

$$\begin{array}{r} 7213\overset{*}{2}\overset{*}{4} \times 11 \\ \hline 64 \end{array}$$ 2 더하기 4는 6

$$\begin{array}{r} 721\overset{*}{3}\overset{*}{2}4 \times 11 \\ \hline 564 \end{array}$$ 3 더하기 2는 5

$$\begin{array}{r} 72\overset{*}{1}\overset{*}{3}24 \times 11 \\ \hline 4564 \end{array}$$ 1 더하기 3은 4

선생님도 몰래 보는 스피드 계산법
구구단 없이도 곱셈이 가능할까?

$$7\overset{*}{2}1\overset{*}{3}24 \times 11$$
$$34564 \qquad \text{2 더하기 1은 3}$$

$$7\overset{*}{2}\overset{*}{1}324 \times 11$$
$$934564 \qquad \text{7 더하기 2는 9}$$

규칙 ③
721,324의 첫 번째 숫자를 답의 맨 오른쪽에 적는다.

$$\overline{7\overset{*}{2}1324} \times 11$$
$$7934564$$

답은 7,934,564이다.

이처럼 긴 수에서 각각의 숫자는 두 번 사용된다. 한 번은 '숫자'로, 그다음 단계에서는 더하기 위한 '이웃'으로 쓰인다. 예컨대 앞에 나온 문제에서 1(원래 수의)은 아래 답에 4를 쓸 때는 '숫자'로 쓰이지만, 다음 단계에서 아래 답에 3을 쓸 때는 '이웃'이 된다.

$$7 2\overset{*}{1}\overset{*}{3} 2 4 \times 11 \qquad 7 \overset{*}{2}\overset{*}{1} 3 2 4 \times 11$$
$$4 \qquad\qquad\qquad 3$$

일상생활에서 이 방법을 더 편하게 활용하려면 규칙 세 가지를 모두 적용하는 대신에 '이웃과 더한다.'라는 규칙 하나만 써도 된다. 그러려면 원래 수 앞에 0을 적거나, 0이 있다고 상상해야 한다. 그다음 원래 수의 각 숫자에 차례대로 이웃 숫자를 더한다.

$$063\overset{*}{3} \times 11$$
$$3 \quad \rightarrow \text{이웃이 없어서 더할 숫자가 없다!}$$

```
  0 6 3 3  ×  1 1
    9 6 3      → 조금 전에 했던 것처럼
```

```
    * *
  0 6 3 3  ×  1 1
  6 9 6 3      → 0 더하기 6은 6이다
```

위의 예로 우리는 왜 원래 수 앞에 0이 필요한지 알 수 있다. 이 방법으로 숫자를 빼고 계산하는 실수를 막을 수 있다. 맨 앞에 0을 쓰지 않으면 마지막에 6을 쓰는 것을 잊기 쉬운데, 그러면 답은 963이 되어버린다. 해답은 원래 수보다 한 자리 커야 하고, 0을 써주면 이 점을 상기할 수 있다.

441,362 곱하기 11을 풀어보자. 먼저 알맞은 형태로 식을 적는다.

```
  0 4 4 1 3 6 2  ×  1 1
```

숫자 2부터 계산하기 시작했다면 바르게 계산한 것이다. 왼쪽 숫자로 옮겨가면서 각각 이웃 숫자를 더하면, 정답 4,854,982를 구할 수 있다.

문제를 풀다 보면 종종 숫자에 이웃 숫자를 더했을 때 10이 넘어가는 경우가 있다. 예를 들어 5와 8을 더하면 13이 되는데, 이럴 때는 3을 적고 1을 '받아올림' 한다. 그다지 낯설지 않은 방법이다. 다만 트라첸버그 방식에서는 큰 수를 받아올리는 경우가 없다는 사실을 알게 될 것이다. 받아올림을 하는 경우에도 기껏해야 1이나 2 정도이다. 이 점은 복잡한 문제를 풀 때 엄청난 차이를 가져온다. 받아올림을 한 숫자 1 대신 점을 1개 찍고, 드물지만 받아올림을 한 숫자가 2일 때는 점을 두 개 찍는다.

```
    0 1 7 5 4  ×  1 1
    1 9˙2 9 4      → ˙2는 7과 5를 더해 나온 12를 나타낸다
```

이제 문제를 풀어보자. 715,624 곱하기 11이다. 먼저 식을 적는다.

$$\underline{0\ 7\ 1\ 5\ 6\ 2\ 4} \times 1\ 1$$

곱해지는 수의 5 아래에서 1을 받아올림한다. 이 문제의 정답은 7,871,864이다. 어떤 긴 수가 9로 시작하고 그다음 숫자도 8같이 큰 숫자인 경우, 예컨대 98,834 같은 수는 마지막 단계에서 다음처럼 10을 적어야 할 때도 있다.

$$\underline{9\ 8\ 8\ 3\ 4} \times 1\ 1$$
$$1\ 0\overset{*}{\,8\,}\overset{*}{\,7\,}1\ 7\ 4$$

12를 곱하는 경우

어떤 수에 12를 곱할 때는 다음 규칙을 이용할 수 있다.

규칙 : 두 배 하여 이웃 숫자와 순서대로 더한다.

이는 이웃 숫자와 더하기 전에 원래 수의 숫자를 두 배 한다는 것 외에는 11을 곱하는 계산법과 같다. 413에 12를 곱해보자.

1단계 : $\underline{0\ 4\ 1\ \overset{*}{3}} \times 1\ 2$
　　　　　　　6　　맨 오른쪽의 숫자를 두 배 해서 아래에 적는다
　　　　　　　　　 (첫 번째 숫자에는 이웃이 없다)

2단계 : $\underline{0\ 4\ \overset{*}{1}\ \overset{*}{3}} \times 1\ 2$
　　　　　　　5 6　　1을 두 배 해서 3과 더한다

3단계 : $\underline{0\ \overset{*}{4}\ \overset{*}{1}\ 3} \times 1\ 2$
　　　　　　 9 5 6　　4를 두 배 해서 1과 더한다

4단계 :   0̇ 4̇ 1 3 × 1 2
            4 9 5 6   0을 두 배 하면 0, 4와 더한다

따라서 답은 4,956이다. 직접 풀어보면 계산이 얼마나 쉽고 빠른지 느낄 수 있을 것이다.

문제를 하나 더 풀어보자. 63,247 곱하기 12이다. 63,247을 적을 때는 각각의 숫자 사이에 조금씩 간격을 두자. 그리고 답을 각 숫자의 바로 아래에 적는다. 이 부분이 아주 중요한데, 혹시나 있을지 모를 오류를 막기 위해서다. 트라첸버그 곱셈법에서는 각각의 계산에서 '원래 숫자'와 '이웃'을 구별하는 것이 관건이다. 원래 숫자(12를 곱하는 계산에서, 두 배 해야 하는 숫자) 바로 아래에 다음 답을 적는다. 원래 숫자의 오른쪽에 있는 숫자는 더해야 할 이웃이다. 다음 계산을 살펴보자.

    0 6 3 2 4 7̇ × 1 2
              4̇   7을 두 배 하면 14가 된다. 1을 받아올린다

    0 6 3 2 4̇ 7̇ × 1 2
            6̇ 4̇   4를 두 배 해서 7을 더한 후 1을 더하면 16이다.
                             1을 받아올린다

    0 6 3 2̇ 4̇ 7 × 1 2
          9̇ 6̇ 4̇   2를 두 배 하고 4를 더한 후 1을 더하면 9이다

이런 방법으로 계산하면 아래와 같은 답이 나온다.

        0 6 3 2 4 7 × 1 2
        7̇ 5 8 9̇ 6̇ 4̇

5, 6, 7을 곱하는 곱셈

5, 6, 7을 곱하는 곱셈은 모두 숫자를 '절반'으로 계산하는 방법이 사용된다. 조금 다른 방식으로 나눗셈을 할 것이므로 이 책에서는 '절반'이라고 구분해서 표현했다. 이 계산법에서는 일단 숫자를 반으로 나눈 후 분수가 생기면 버린다. 예컨대 5를 반으로 나누면 2이다. 정확한 답은 $2\frac{1}{2}$이지만 분수는 버린다. 마찬가지로 3을 반으로 나누면 1이고, 1을 반으로 나누면 0이다. 물론 4를 반으로 나누면 2이다. 짝수를 나눌 때는 기존 나눗셈을 그대로 쓴다.

이 과정은 즉각 이루어져야 한다. '4를 반으로 나누면 2…' 이렇게 머릿속으로 생각하면 안된다. 4를 보자마자 바로 2가 나와야 한다. 당장 연습해보자.

2, 6, 4, 5, 8, 7, 2, 9, 4, 3, 0, 7, 6, 8, 5, 9, 3, 6, 1

1, 3, 5, 7, 9와 같은 홀수는 분수를 버리는 특별한 과정을 거쳐야 한다. 반면에 0, 2, 4, 6, 8과 같은 짝수는 우리가 평소에 하던 방법으로 답을 구한다.

6을 곱하는 경우

이제 본격적으로 '절반' 작업을 해볼 것이다. 다음은 6을 곱하는 데 사용되는 규칙의 일부이다.

각각의 숫자에 이웃 숫자의 '절반'을 더한다.

일단 이 규칙이 우리가 어떤 숫자에 6을 곱할 때 알아야 할 전부라고 생각하고, 다음 문제를 풀어보자.

0 6 2 2 0 8 4 × 6

1단계 : 원래 수의 첫 번째 계산 숫자는 4이다. 이 숫자에는 이웃이 없으므로 더할 것이 없다.

$$0\,6\,2\,2\,0\,8\,\overset{*}{4} \times 6$$
$$4$$

2단계 : 두 번째 숫자는 8이고 이웃 숫자는 4이다. 8에 4의 절반 2를 더하면 10이 된다.

$$0\,6\,2\,2\,0\,\overset{*}{8}\,\overset{*}{4} \times 6$$
$$\overset{\cdot}{0}\,4$$

3단계 : 다음 숫자는 0이다. 여기에 이웃 숫자인 8의 절반을 더한다. 0에 4를 더하면 4이다. 그리고 받아올림한 숫자 1을 더한다.

$$0\,6\,2\,2\,\overset{*}{0}\,\overset{*}{8}\,4 \times 6$$
$$5\,\overset{\cdot}{0}\,4$$

같은 방식으로 2, 2, 6, 0을 차례대로 계산한다.

$$0\,6\,2\,2\,0\,8\,4 \times 6$$
$$3\,7\,3\,2\,5\,\overset{\cdot}{0}\,4$$

다음 두 곱셈을 직접 해보며 얼마나 쉬운지 직접 느껴보자.

$$\underline{0\,4\,4\,0\,4} \times 6 \qquad \underline{0\,2\,8\,6\,8\,8\,4\,2\,4} \times 6$$

정답은 각각 26,424와 172,130,544이다.

위의 예시는 지금까지 배운 방법만 써도 풀 수 있다. 하지만 이것만으로는 6을 곱하는 모든 곱셈을 완성할 수 없다. 완전한 규칙은 다음과 같다.

규칙 ① 각각의 숫자에 이웃 숫자의 '절반'을 더한다.
규칙 ② 숫자가 홀수일 때는 5를 더한다.

추가된 규칙에서 중요한 것은 숫자가 홀수라는 점이다. 이웃 숫자가 홀수인지 아닌지 상관없이 원래 수가 홀수인지 짝수인지만 확인하면 된다. 만약 짝수라면 그냥 이웃 숫자의 절반을 더하면 되고, 반대로 홀수이면 5를 더한 후 이웃 숫자의 절반을 더한다. 앞에서 쓴 방법과 다를 것이 없다. 예를 들어,

$$\underline{0443052} \times 6$$

원래 수를 보자마자 3과 5가 홀수라는 것을 알 수 있다. 그러므로 3과 5를 계산할 때 각각 5를 더해야 한다. 특별한 이유가 있다기보다는 홀수면 5를 더해야 한다는 일종의 약속으로 생각하자. 계산 방법은 다음과 같다.

1단계 : $0 4 4 3 0 5 \overset{*}{2} \times 6$
         $ 2$
         2는 짝수이고 이웃이 없다.
         그대로 내려 적는다

2단계 : $0 4 4 3 0 \overset{*}{5} 2 \times 6$
         $ {}^{\bullet}1\, 2$
         5는 홀수이다! 5에 5를 더하고,
         2의 '절반'을 더하면 11이 된다

3단계 : $0 4 4 3 \overset{*}{0} \overset{*}{5} 2 \times 6$
         $ 3\, {}^{\bullet}1\, 2$
         5의 '절반'은 2이다.
         여기에 앞에서 받아올림한 수를 더한다

4단계 : $\underline{0\,4\,4\,3\overset{*}{0}\overset{*}{5}\,2}$ × 6
              8 3ˈ1 2   3은 홀수이다! 3에 5를 더하면 80I다

5단계 : $\underline{0\,4\,\overset{*}{4}\,3\overset{*}{0}\,5\,2}$ × 6
             5 8 3ˈ1 2   4에 3의 '절반'을 더한다

6단계 : $\underline{0\,\overset{*}{4}\,\overset{*}{4}\,3\,0\,5\,2}$ × 6
            6 5 8 3ˈ1 2   4에 4의 '절반'을 더한다

7단계 : $\underline{\overset{*}{0}\,\overset{*}{4}\,4\,3\,0\,5\,2}$ × 6
           2 6 5 8 3ˈ1 2   0에 4의 '절반'을 더한다

답은 2,658,312이다. 위에서는 이 방법을 처음 접하는 여러분의 이해를 돕기 위해 자세한 설명을 붙였다. 실제로 해보면 시간이 매우 절약되는데, 이웃 숫자의 절반을 더하는 과정이 아주 간단하기 때문이다. 조금만 연습하면 문제를 보는 순간 거의 자동으로 답을 알 수 있다. 다음 두 문제를 풀면 이 점을 더 확실히 깨달을 수 있다.

      $\underline{0\,8\,2\,3\,4}$ × 6 $\underline{0\,6\,2\,5\,0\,1\,8\,8}$ × 6

정답은 각각 49,404와 37,501,128이다.
우리는 지금까지 긴 수에 6을 곱해봤다. 그러면 이 방법이 8에 6을 곱할 때처럼 한 자리 수에도 적용될까? 그렇다. 법칙을 바꾸지 않아도 된다. 앞서 배운 방식대로 8과 6을 곱해보자.

$$\frac{0\ 8}{8} \times 6$$

이웃 숫자가 없으므로 그대로 8이다

$$\frac{0\ 8}{4\ 8} \times 6$$

0에 8의 '절반'을 더하면 4이다

원래 수가 7과 같은 홀수일 경우에는 첫 단계에서 5를 더해야 한다. 두 번째 단계에서는 0을 짝수로 볼 수 있으므로 5를 더하지 않는다.

$$\frac{0\ 7}{\cdot 2} \times 6$$

7에 5를 더한다. 이웃 숫자가 없으므로 그대로 12이다

$$\frac{0\ 7}{4\cdot 2} \times 6$$

0에 7의 '절반'을 더하고, 받아올림한 1을 더한다.

아마도 대부분의 사람이 구구단 6단쯤은 식은 죽 먹기라고 말할 것이다. 수학과 친하지 않더라도 6단 정도라면 손쉽게 외우지 않을까? 하지만 중요한 것은 여기서 쓰인 기술들이 나중에 더 복잡한 계산에서도 쓰인다는 사실이다. 이 방법을 활용하면 구구단을 굳이 암기하지 않아도 된다. 여러분이 새로운 계산법을 더 잘 이해할 수 있도록 일상생활 속 읽기 습관의 예를 들어 설명하겠다.

가장 먼저 몸에 배어 있는 나쁜 습관에서 벗어나는 것이 중요하다. 읽기 습관을 개선하기 위해 속독 능력을 키워야 한다는 주장도 있을 것이다. 사람들은 대개 책이나 신문에 나온 활자를 한 글자 한 글자씩 읽어나간다. 정확하게 한 글자씩은 아니더라도 그만큼 또박또박 읽는다는 뜻이다. 그러나 단어나 구 전체를 한 번에 인식하면서 읽는 습관이 필요하다. 비효율적으로 읽는 것은 나쁜 읽기 습관이다.

수학 문제를 풀 때도 마찬가지이다. 어떤 사람은 나쁜 계산 습관 탓에 시간과 에너지를 낭비한다. 회계나 경리를 담당하는 사람들처럼 대부분의 시간을 숫자와 씨름하는 사람들만이 자신들에게 적합한 계산법을 고안해낸다. 하지만 일상생활이 수학 계산으로 꽉 차 있지 않은 사람이라 할지라도 조금씩 노력하고 연습하면 효율적인 계산법을 배울 수 있다. 그것을 도와주는 자료들이 이번 장과 다음 장에 제시되어 있다.

암산 방법 중 이웃 숫자의 절반을 사용하는 방법을 앞에서 설명했다. 2나 8 등 한 자리 숫자를 보고 절반이 1 또는 4라고 말하는 데는 별다른 연습이 필요치 않다. 머릿속에서 어떤 암산도 거칠 필요가 없다. 2 또는 8을 보자마자 반사적으로 답이 튀어나와야 한다. 다시 앞으로 돌아가서 연습해보면 더 잘할 수 있을 것이다.

이렇게 곧바로 할 수 있는 암산 중 하나는 이웃 숫자 혹은 이웃 숫자의 절반을 더하는 것이다.

$$0 2 \overset{*}{6} \overset{*}{4} \times 6$$
$$\underline{} 8\,4$$

위와 같이 6에 4의 절반을 더하면 8이 된다. 하지만 우리는 '4의 절반은 2이고 6과 2를 더하면 8이다.'라고 일일이 계산하지는 않는다. 그냥 6과 4를 보고, 4의 절반이 2라는 것을 알게 되고 '6, 8'이라고 말한다. 처음에는 이렇게 바로 답을 구하기가 힘들기 때문에 '6, 2, 8'이라고 말하는 편이 더 쉬울 것이다.

또 하나 연습해야 할 것은 원래 숫자(이웃 숫자가 아니라)가 홀수일 때 5를 더하는 단계이다. 다음 경우를 보자.

$$0 6 \overset{*}{3} \overset{*}{4} \times 6$$
$$\underline{} \cdot 0\,4$$

점은 옆에 있는 0이 10임을 나타내는 표시다. 그리고 10은 3에 5를 더한 후(3이 홀수이므로) 2를 더한(4의 절반) 결과이다. 처음에는 '5, 8, 2, 10'을 말하면서 계산하는 것이 좋다. 하지만 연습을 몇 번 하다 보면 어느 순간 '8, 10'처럼 짧게 말할 수 있게 된다. 홀수 3에 5를 더하는 계산을 가장 먼저 해야 한다. 안 그러면 5를 더하는 것을 잊어버리기가 쉽다.

받아올림한 1 때문에 점이 있으면, 이웃 숫자를 더하거나(11을 곱하는 경우) 절반을 더하는(6을 곱하는 경우) 과정 이전에 계산해야 한다. 이웃 숫자를 더한 이후에 받아올림한 1을 계산하면 가끔 1을 잊어버릴 수 있다. 예제를 계속 풀어보자.

$$0\overset{*}{6}\overset{*}{3}4 \times 6$$
$$\overline{8\cdot0\ 4}$$

즉 6을 보고 점을 먼저 더해 '7'을 바로 떠올린 후, 3의 '절반'을 더해 '8'이라는 숫자를 적어야 한다. 처음에는 6을 보고 점을 더해 '7'이라 읽은 후, 3의 '절반'인 '1'을 떠올린 다음 '8'이라 읽고 나서 8을 적는 것이 좋다.

받아올림한 점도 더해야 하고 5도 더해야 하는 경우(홀수일 때)에는 한꺼번에 '6'을 원래 숫자에 더한다. 이 방법도 익숙해지면 쉬워진다. 아울러 중간 단계를 줄이는 효과도 있다.

이제 연필을 들고 머릿속으로 올바른 단계를 거쳐 다음 연습문제들을 풀어보자. 해답은 문제 아래에 있다.

11을 곱하는 경우(이웃 숫자를 더한다)

1. **0 4 2 3 2**   2. **0 4 7 4 9 2**

12를 곱하는 경우(숫자를 두 배 해서 이웃 숫자와 더한다)

3. **0 4 2 3 2**   4. **0 4 7 4 9 2**

6을 곱하는 경우(홀수면 5를 더한 후 이웃 숫자의 절반과 더한다)

5. 0 2 2 2 2   6. 0 2 9 0 6   7. 0 2 0 0 4
8. 0 4 2 3 2   9. 0 3 8 6 5   10. 0 4 7 4 8

답은 다음과 같다.

1. **46,522**   2. **522,412**   3. **50,784**   4. **569,904**
5. **13,332**   6. **17,436**   7. **12,024**   8. **25,392**
9. **23,190**   10. **28,488**

7을 곱하는 경우

7을 곱하는 곱셈은 6을 곱할 때와 아주 비슷하다.

규칙 ① 숫자를 두 배 하고 이웃 숫자의 절반을 더한다.
규칙 ② 만약 숫자가 홀수라면 5를 더한다.

4,242를 7과 곱한다고 생각해보자. 홀수인 숫자가 없으므로 계산하는 과정에서 별도로 5를 더할 필요가 없다. 푸는 방법은 원래 숫자를 두 배 한다는 점을 제외하고는 6을 곱할 때와 같다.

1단계: 0 4 2 4 2̇ × 7
              4   원래 숫자 2를 두 배 한다

2단계: 0 4 2 4̇ 2̇ × 7
              9 4   4를 두 배 하고 이웃 숫자의 절반을 더한다

3단계: 0 4 2̇ 4̇ 2 × 7
              6 9 4   2를 두 배 하고 이웃 숫자의 절반을 더한다

4단계 :   0 4²4²4 2 × 7
            9 6 9 4

5단계 :   ⁰0 4²4 2 4 2 × 7
           2 9 6 9 4   0을 두 배 해도 역시 00이다.
                         여기에 이웃 숫자의 절반을 더한다

이번에는 홀수가 들어간 예제를 풀어보자. 3과 1은 모두 홀수이다.

1단계 :   0 3 4 1 2² × 7
                   4   2를 두 배 한다. 이 단계에서는 이웃 숫자가 없다

2단계 :   0 3 4 1²2² × 7
                 8 4   1을 두 배 하고 5를 더하면(1은 홀수이기 때문에)
                         7이 되고, 여기에 2의 절반을 더한다

3단계 :   0 3 4²1 2 × 7
               8 8 4   4는 홀수가 아니므로,
                         4를 두 배 하고 1의 절반을 더한다

4단계 :   0 3²4²1 2 × 7
             ·3 8 8 4

5단계 :   ⁰0 3²4 1 2 × 7
           2·3 8 8 4   0의 두 배는 00이다.
                         여기에 3의 절반을 더하고, 점을 계산한다

머릿속에 펼쳐져야 할 올바른 단계는 다음과 같다.

(1) 받아올림한 1이 있다면, 점을 보고 '1'을 떠올린다.
(2) 계산해야 할 다음 숫자를 보고 홀수인지 아닌지 살펴본다. 만약 홀수라면 받아올림한 1에 5를 더해 6을 떠올린다. 점이 없다면 5를 떠올린다.

(3) 숫자를 보고 바로 머릿속으로 두 배 한 후, 그 수에 5를 더한다. 예를 들어 두 배 할 숫자가 3이라면 5를 떠올리고 나서 11을 바로 말해야 한다. 연습하면 3을 두 배 한 6에 5를 더하는 과정을 한 번으로 줄여 계산할 수 있기 때문이다.

(4) 이웃 숫자를 보고 절반을 아까 계산한 결과와 더한다. 예컨대 6을 보고 바로 직전에 떠올린 숫자가 11이었으므로 이웃 숫자가 6이면 14가 나와야 한다.

이 과정들을 천천히 한 번에 계산해보자. 이런 훈련을 통해 집중력이 향상되는 것을 느낄 수 있다. 집중력은 성공의 바탕이다. 하지만 갑자기 한 번에 계산해서 답을 내놓기는 어렵다. 그러므로 아래처럼 단계별 훈련을 거쳐야 한다.

1단계 : 아래에 열거된 숫자를 각각 본 후 즉시 두 배인 수를 외쳐보자(3을 보고 '3'이라 말하지 말고 바로 '6'이라 말한다).

2, 4, 1, 6, 0, 3, 5, 1, 4, 3, 8, 2, 6, 3,
7, 5, 9, 2, 1, 0, 6, 3, 5, 2, 6, 8, 7, 4

2단계 : 다음에서 각각 왼편의 숫자를 보고 두 배인 수를 크게 말한 뒤(3을 보고 '6'이라 말하라), 이웃 숫자와 더하자(3 4는 '6'과 '10'을 외친다). 이 단계를 연습하면 12를 곱하는 곱셈을 빨리 할 수가 있다.

```
2 1      3 4      2 0      1 1      2 2      0 2
2 7      1 5      6 0      7 1      4 5      0 9
3 2      3 8      7 4      5 2      8 2      4 1
```

3단계 : 두 개씩 짝지어진 숫자 쌍이 열거되어 있다. 왼편의 숫자를 보고 그 숫자의 두 배인 수를 크게 말한 뒤, 이웃 숫자의 절반을 더하자(2 6을 보고 '4'와

'7'을 외친다). 이 단계를 연습하면 숫자가 짝수일 때 7을 곱하는 곱셈을 빨리 할 수가 있다.

```
2 6      2 7      4 0      6 1      2 6      4 4
0 4      2 2      2 9      8 1      8 8      8 9
6 6      4 3      6 7      4 9      8 1      0 7
```

4단계 : 아래에 열거된 숫자를 보고 '5'라고 말한 후 5와 각각 숫자의 두 배인 수의 합을 말한다(3을 보고, '5, 11'이라고 말한다).

7, 5, 3, 1, 9, 3, 7, 5, 1

5단계 : 이제 한꺼번에 다시 해보자! 아래에는 두 개씩 짝지어진 숫자 쌍이 열거되어 있다. 왼쪽의 숫자를 본 후 5라고 말하자. 그리고 방금 했던 것처럼 5와 각 숫자의 두 배인 수를 더한 값을 구한 다음 즉시 이웃 숫자의 절반을 더하고 그 결과를 말해보자(3 4 숫자 쌍을 보고 '5', '11', '13'을 외친다). 이 연습은 숫자가 홀수일 때 7을 곱하는 곱셈을 하기 위한 것이다.

```
1 0      1 2      1 6      1 8
```
(답은 각각 7, 8, 10, 11)

```
3 0      3 2      3 8      3 4
5 0      5 6      7 0      7 2
```

이제 여러분은 7을 곱하는 곱셈을 더 빠르게 할 수 있다. 먼저 5를 더하지 않아도 되는 경우, 모든 숫자가 짝수인 경우를 연습해보자. 숫자를 두 배 하고 이웃 숫자의 절반을 더하기만 하면 된다.

```
0 2 0 2        0 2 2 2        0 6 0 2
0 4 4 4        0 6 4 2        0 8 4 6
```

마지막으로 홀수가 포함된 수를 계산해보자. 여기에서는 5를 더하는 과정이 추가된다.

0 2 2 3   0 3 0 2   0 2 5 4

(답은 1,561과 2,114 그리고 1,7780이다)

0 2 7 4   0 6 1 8   0 1 3 4

5를 곱하는 경우

5를 곱할 때의 규칙은 6이나 7을 곱할 때와 비슷하지만 좀더 간단하다. 원래 숫자를 살펴보기만 하면 된다. 따라서 원래 숫자에 무언가를 더해야 하는 6을 곱하는 곱셈, 원래 숫자를 두 배 하는 7을 곱하는 곱셈과 다르다. 5를 곱할 때는 먼저 원래 숫자를 보고 홀수인지 짝수인지 살펴야 한다. 만약 홀수라면 지금까지 했던 것처럼 5를 더한다.

규칙 : 이웃 숫자를 반으로 나누고, 원래 숫자가 홀수면 5를 더한다.

426에 5를 곱하는 경우를 생각해보자.

$$\frac{0\,4\,2\,\overset{*}{6}}{0} \times 5$$

6은 짝수이므로 5를 더할 필요가 없다. 아울러 이웃 숫자도 없다

$$\frac{0\,4\,\overset{*}{2}\,\overset{*}{6}}{3\,0} \times 5$$

2는 짝수이다. 6을 반으로 나눠 아래에 적는다

$$\frac{0\,\overset{*}{4}\,\overset{*}{2}\,6}{1\,3\,0} \times 5$$

4는 짝수이다. 2를 반으로 나눠 아래에 적는다

$$\frac{\overset{*}{0}\,\overset{*}{4}\,2\,6}{2\,1\,3\,0} \times 5$$

0은 짝수로 보고, 4를 반으로 나눠 아래에 적는다

이제 홀수가 있는 경우를 보자. 이때는 5를 더해야 한다.

$$\underline{04\overset{*}{3}6} \times 5$$
$$0 \qquad \text{앞의 예시와 같다}$$

$$\underline{0\overset{*}{4}\overset{*}{3}6} \times 5$$
$$80 \qquad \text{3은 홀수이다. 3에 5를 더한다}$$

$$\underline{0436} \times 5$$
$$2180$$

계산 과정이 매우 간단하므로 조금만 생각하면 된다. 처음에는 이상하게 느껴질 수 있다. 원래 숫자 대신 이웃 숫자를 이용하는 것처럼 약간 꼬아서 생각해야 하기 때문이다. 사실 이것은 여러분이 얼마만큼 할 수 있는지 점검하고 더 잘하게 하기 위한 연습이다. 나중에 긴 수를 서로 곱하다 보면 어느 부분을 계산하고 있는지 헷갈릴 때도 있다. 5를 곱하는 곱셈을 연습하면 어느 정도 도움이 될 것이다.

이제 방금 배운 규칙을 토대로 다음의 수에 5를 곱해보자.

1. **0 4 4 4**　　2. **0 4 2 8**　　3. **0 4 2 4 8 8 2**
4. **0 4 3 4**　　5. **6 4 7**　　6. **0 2 5 6 4 1 3**
7. **0 1 4 2 8 5 7**

답은 아래와 같다.

1. **2,220**　　2. **2,140**　　3. **2,124,410**
4. **2,170**　　5. **3,235**　　6. **1,282,065**
7. **714,285**

8과 9를 곱하는 경우

8이나 9를 곱하는 곱셈에는 새로운 단계가 추가되기 때문에 더 많은 훈련이 필요하다. 바로 9나 10에서 원래 숫자를 빼는 과정이 포함된다. 4,567에 8 혹은 9를 곱한다고 생각해보자. 가장 먼저 할 일은 10에서 원래 수의 맨 오른쪽 숫자 7을 빼는 것이다. 즉 4,567의 오른쪽 끝 숫자를 보고 3을 떠올려야 한다. '10에서 7을 빼면 3'이라고 생각하는 단계를 거쳐서는 안된다. 7을 보자마자 바로 '3'이라는 대답이 튀어나와야 한다. 여러분의 반응이 얼마나 빠른지 시험하고 싶다면 아래 숫자들을 보고 곧바로 10에서 그 숫자를 뺀 결과를 큰 소리로 말해보자.

7, 6, 9, 2, 8, 1, 7, 4, 2, 3, 9, 6, 5, 3, 1, 9

각 단계에서 부분적으로는 원래 숫자를 10 대신 9에서 빼야 할 때도 있다. 이때는 7을 보면 순간적으로 2가 떠올라야 한다. 다음의 숫자를 가지고 최대한 빨리 9에서 빼는 계산을 해보자.

7, 8, 2, 4, 9, 5, 1, 7, 2, 0, 3, 8, 6, 5, 1, 0

이제 구구단 없이도 쉽고 빠르게 9를 곱하는 곱셈을 할 수 있다. 간단한 규칙이 아래에 나와 있지만 조금만 연습하면 충분히 머리에 새겨질 것이므로 굳이 외울 필요는 없다. 법칙은 다음과 같다.

9를 곱하는 곱셈
규칙 ① 원래 수의 맨 오른쪽 숫자를 10에서 뺀다. 그 값을 해답의 맨 오른쪽에 쓴다.
규칙 ② 그다음 숫자들을 마지막까지 차례대로 9에서 빼고, 이웃 숫자와 더한다.
규칙 ③ 마지막으로 원래 수의 맨 왼쪽 0에 도달하면 이웃 숫자에서 1을 뺀 결과를 해답의 가장 왼쪽에 적는다.

물론 이 모든 과정에 점(받아올림한 수)이 있으면 앞에서 그랬듯 결과에 더해야 한다. 8,769 곱하기 9를 풀어보며 실제로 계산해보자.

$$0\ 8\ 7\ 6\ 9\ \times\ 9$$
$$7\ 8\ 9\overset{.}{\ }2\ 1$$

1단계 : 8,769의 9를 10에서 뺀 숫자, 1을 답에 적는다.
2단계 : 9에서 6을 뺀 후(3이 된다) 이웃 숫자 9와 더한다. 결과는 12이다. 답에 점을 표시하고 2를 적는다.
3단계 : 9에서 7을 뺀 2와 이웃 숫자 6을 더하면 8이 된다. 받아올림한 점까지 계산하면 9가 된다.
4단계 : 9에서 8을 빼면 1이 나오므로 이웃 숫자와 더하면 8이 된다.
5단계 : 맨 왼쪽 0에 도달했으므로 마지막 단계이다. 8,769의 맨 왼쪽 숫자에서 1을 빼서 나온 결과인 7을 답의 가장 왼쪽에 적는다.

이번에는 8,888에 9를 곱해보자.

$$0\ 8\ 8\ 8\ 8\ \times\ 9$$

10에서 8을 빼면 2가 나오므로 답은 2로 끝날 것이다. 이 경우에는 점, 즉 받아올림하는 숫자가 없다. 또 원래 수의 왼쪽 8에서 1을 뺀 결과 답의 맨 왼쪽 숫자는 7이다. 답은 79,992이다.

다음 연습문제를 풀어보자. 처음 문제는 쉽지만 뒤로 갈수록 점점 어려워질 것이다. 정답은 다음 쪽에 있다.

1. 0 3 3 　　2. 0 9 8 6 5 4　　3. 0 8 6 7 3 3
4. 0 6 2 6　　5. 0 8 0 5　　　　6. 0 7 7 5 4 9 6 5

답 : 1. **297**　　　　2. **887,886**　　　3. **780,597**
　　 4. **5,634**　　　5. **7,245**　　　　6. **69,794,685**

8을 곱하는 곱셈

규칙 ① 첫 번째 숫자 : 10에서 뺀 다음 두 배 한다.
규칙 ② 중간 숫자들 : 9에서 뺀 다음 두 배 하고 이웃 숫자와 더한다.
규칙 ③ 맨 왼쪽 숫자 : 원래 수의 가장 왼쪽 숫자에서 2를 뺀다.

8을 곱하는 곱셈은 9를 곱하는 곱셈과 방법이 거의 같다. 숫자들을 두 배 하고 마지막 단계에서 원래 수에서 1이 아니라 2를 뺀다는 차이가 있을 뿐이다. 예를 들어 다음과 같다.

$$0 7 8 \overset{*}{9} \times 8$$
$$\underline{}$$
$$2$$

9를 10에서 뺀 값을 두 배 한 결과 2가 되었다. 그다음으로 789의 중간 숫자인 8을 계산할 때는, 9에서 8을 빼고 그 결과를 두 배 한 뒤 이웃 숫자와 더한다.

$$0 7 \overset{*}{8} \overset{*}{9} \times 8$$
$$\underline{}$$
$$\cdot 1\,2$$

0에 도달하기 전까지는 중간 숫자이므로 7 역시 중간 숫자이다. 9에서 7을 뺀 값인 2를 두 배 하면 4가 되는데, 4를 이웃 숫자 8과 더한 뒤 받아올림한 1을 더한다.

$$0 \overset{*}{7} \overset{*}{8} 9 \times 8$$
$$\underline{}$$
$$\cdot 3\,\cdot\!1\,2$$

마지막으로 원래 수 789의 가장 왼쪽 숫자인 7에서 2를 빼면 5가 된다. 물론 받아올림한 점을 더한다.

$$\frac{\overset{*}{0}\overset{*}{7}89 \times 8}{6\overset{\cdot}{3}\overset{\cdot}{1}2}$$

이 방법에 익숙해지면 기존 방식보다 훨씬 간단하고 쉽게 문제를 풀 수 있다. 보통 곱셈법에서는 반드시 구구단이 필요하고, 위 계산의 경우 7을 반복해서 받아올림해야 한다. 그러나 많은 사람들이 8곱하기 7이나 8곱하기 8, 8곱하기 9에서 실수하기 쉽다. 반면 구구단을 사용하지 않는 이 방식대로라면 1만 받아올림하면 된다.

물론 규칙을 떠올리지 않아도 될 정도로 익숙해져야만 진가를 발휘한다. 조금만 연습을 해도 답이 자동으로 나올 것이다. 어린아이들이 학교에서 구구단을 배우기 위해 얼마나 많은 시간을 반복 훈련해야 하는지 생각해보자. 그에 비하면 이 계산법은 30분이나 1시간 정도의 연습에도 큰 효과를 얻을 수 있다. 다음 수에 각각 8을 곱해보자.

073 (답 584)   049 (답 392)
069   098
07777   08586
06288   03669

한 자릿수 곱셈에도 위 계산법이 똑같이 적용된다. 먼저 9를 곱하는 곱셈에서, 숫자 7에 9를 곱하는 경우를 생각해보자. 여기에는 중간 숫자가 없기 때문에 첫 번째 단계에 따라 10에서 7을 빼고, 마지막 단계에 따라 7에서 1을 뺀다. 다음과 같이 나타낼 수 있다.

$$\frac{07 \times 9}{63}$$

한 자리 수의 곱셈은 다음과 같이 간단한 형태를 띤다.

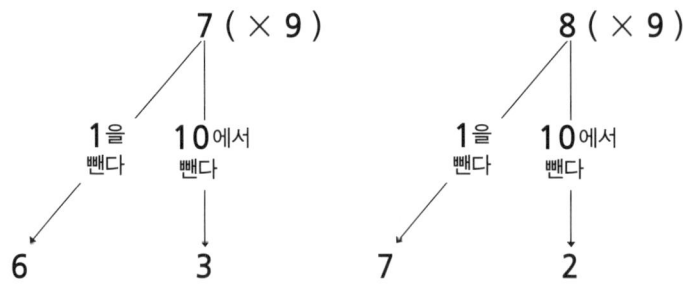

8을 곱하는 곱셈도 방법은 같다. 단 10에서 뺀 숫자를 두 배 하고 1이 아닌 2를 뺀다는 점이 다르다.

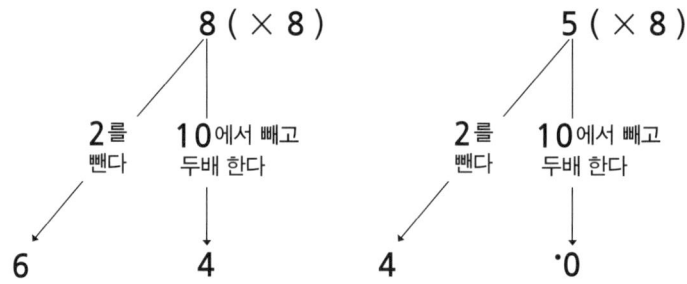

1에서 5까지의 작은 수에 8을 곱할 때는 위와 같이 1을 받아올림한다. 하지만 이 정도는 구구단으로도 쉽게 알 수 있으므로 받아올림에 크게 신경 쓸 필요는 없다. 헷갈리기 쉬울 때는 7 곱하기 8처럼 큰 수를 곱할 때다. 위의 8을 곱하는 계산에서는 받아올림이 없었다. 9를 곱하는 계산에서도 전혀 받아올림이 없다.

구구단이 헷갈리는 사람들은 위 풀이 방법을 통해 기억이 가물가물한 부분을 짚고 넘어갈 수 있다. 매번 풀이를 적지 않아도 몇 번 써보거나 머릿속에 그려보면 7 곱하기 9가 어떻게 해서 63이 되는지 원리를 알 수 있다. 이 배경지식이야말로 우리에게 필요하다. 관련성이 없는 지식들은 기억하기 어렵다. 예를 들어 친했던 친구와 몇 달 동안 만나지 않았다고 생각해보자. 친구의 전화번호가 쉽게 떠오르지 않을 것이다. 전화번호는 관련성이 없는 지식이기 때문이다. 반면에 지역번호는 기억하고 있을 가능성이 크다. 여기에는 패턴이 있기 때문이다. 지역번호는 친구가 사는 지역에 따라 부여되기 때문에 친구가 살고 있는 곳을 대략이라도 알고 있다면 기억하기가 쉽다.

수학에도 이런 패턴이 존재한다. 사실이나 정리를 통해 이끌어낸 지식들이 그것이다. 수학자들이 수학을 연구하는 과정에서 정리 하나만 기억할 거라고 생각하는가? 천만의 말씀이다. 그들은 대개 정리를 떠올릴 수 있는 지식이나 증명의 줄거리를 함께 기억한다. 이 계산 방법을 연습할 때도 비슷한 과정을 거친다. 7 곱하기 9의 결과로 '63'이 생각나겠지만, 그 결과를 구하기 위한 배경지식인 풀이방식이 머릿속에 떠오르는 것이다.

4를 곱하는 경우

대부분 사람들은 수학에 아무리 자신 없다 하더라도 구구단쯤은 쉽게 외운다. 하지만 우리의 계산 방법을 완벽하게 보여주기 위해 앞에서와 비슷한 방식으로 4를 곱하는 곱셈을 다뤄보자.

여기서는 앞에서 이미 적용했던 아이디어 두 개를 결합할 것이다. 숫자를 '절반'으로 나누고(분수는 버림) 홀수면 5를 더하는 계산과 9의 곱셈 방식이다. 더 정확히 말하면 4를 곱하는 곱셈은 한 가지를 제외하고는 9를 곱할 때와 같다. 4를 곱할 때는 9를 곱할 때처럼 이웃 숫자를 더하지 않고 이웃 숫자의 절반을 더한다. 이전처럼 홀수면 5를 더하는 방법은 그대로이다. 풀어서 설명하면 다음과 같다.

규칙 ① 원래 수의 맨 오른쪽 숫자를 10에서 뺀 다음 나온 수가 홀수면 5를 더한다.
규칙 ② 그다음 숫자들을 차례대로 9에서 뺀 뒤 만약 홀수면 5를 더하고 거기에 이웃 숫자의 절반을 더한다.
규칙 ③ 0 차례가 되면 이웃 숫자의 절반값에서 1을 뺀 수를 마지막으로 적는다.

연습문제1:   2 0 6 8 4   ×   4

1단계: 20,684의 4를 10에서 뺀다.

$$0\ 2\ 0\ 6\ 8\ \overset{*}{4} \quad × \quad 4$$
$$6$$

2단계:
$$0\ 2\ 0\ 6\ \overset{*}{8}\ \overset{*}{4} \quad × \quad 4$$
$$3\ 6$$
9에서 8을 빼고 4의 절반을 더하면 30이다

3단계:
$$0\ 2\ 0\ \overset{*}{6}\ \overset{*}{8}\ 4 \quad × \quad 4$$
$$7\ 3\ 6$$
9에서 6을 빼고 8의 절반을 더하면 70이다

4단계:
$$0\ 2\ \overset{*}{0}\ \overset{*}{6}\ 8\ 4 \quad × \quad 4$$
$$\overset{\cdot}{2}\ 7\ 3\ 6$$
9에서 0을 빼고 6의 절반을 더하면 12이다

5단계:
$$0\ \overset{*}{2}\ \overset{*}{0}\ 6\ 8\ 4 \quad × \quad 4$$
$$8\overset{\cdot}{2}\ 7\ 3\ 6$$
9에서 2를 빼고 점을 더하면 8이다

6단계:
$$\overset{*}{0}\ \overset{*}{2}\ 0\ 6\ 8\ 4 \quad × \quad 4$$
$$0\ 8\overset{\cdot}{2}\ 7\ 3\ 6$$
2의 절반에서 1을 빼면 0이다

연습문제 2 : 연습문제 1에서는 20,684의 모든 숫자가 짝수였기 때문에 5를 더할 필요가 없었다. 이제 숫자 몇 개가 홀수인 경우를 살펴본다. 365,187에 4를 곱해보자.

1단계 :   0 3 6 5 1 8 7* × 4
                              8
10에서 7을 빼면 3이다.
7이 홀수이므로 5를 더한다

2단계 :   0 3 6 5 1 8* 7* × 4
                          4 8
9에서 8을 빼고 7의 절반을 더한다

3단계 :   0 3 6 5 1* 8* 7 × 4
                       ˙7 4 8
9에서 1을 빼고 5를 더한 뒤 8의 절반을 더하면 ˙7이다.

4단계, 5단계, 6단계 : 이전 단계처럼 반복한다. 3과 5는 홀수이므로 5를 더하는 것을 잊지 말자.

            0 3 6 5 1 8 7 × 4
          ˙4 6˙0˙7 4 8

7단계 :   0 3 6 5 1 8 7 × 4
          1 ˙4 6˙0˙7 4 8
3의 절반에서 1을 빼고 점을 더하면 1이다.

연습문제 3 :

1. 0 2 6 8 8 × 4   2. 0 2 4 7 8 4 7 × 4

답 :   1. **10,752**   2. **991,388**

그밖의 숫자를 곱하는 곱셈

3을 곱하는 곱셈

3을 곱하는 곱셈은 몇 가지를 빼고는 8을 곱할 때와 비슷하다. 8을 곱할 때 이웃 숫자를 더한 것과 달리 이웃 숫자의 절반만 더한다. 물론 숫자가 홀수일 때는 별도로 5를 더해야 한다는 규칙은 변함없다. 홀수일 때 5를 더하면 언제나 이웃의 절반을 더하는 과정에서 받아올림이 생긴다.

규칙 ① 첫 번째 숫자 : 10에서 뺀 값을 두 배 한다. 홀수면 5를 더한다.
규칙 ② 중간 숫자들 : 9에서 뺀 결과값을 두 배 한 다음 이웃 숫자의 절반을 더한다. 홀수면 5를 더한다.
규칙 ③ 맨 왼쪽 숫자 : 원래 수의 가장 왼쪽 숫자를 절반으로 나누고 2를 뺀다.

1단계 :   0 2 5 8 8̇ × 3
                           4

10에서 8을 빼고 두 배 하면 4가 된다. 이웃 숫자는 없다

2단계 :   0 2 5 8̇ 8̇ × 3
                         6 4

9에서 8을 빼고 두 배 한 뒤 8의 절반을 더하면 6이 된다

3단계 :   0 2 5̇ 8̇ 8 × 3
                       ˙7 6 4

9에서 5를 빼고 두 배 한 뒤 5를 더하고 8의 절반을 더한다

4단계 :   0 2̇ 5̇ 8 8 × 3
                     ˙7˙7 6 4

5단계 :   0̇ 2̇ 5 8 8 × 3
                   0 ˙7˙7 6 4

2의 절반에 점을 더하고 2를 빼면 0이 된다

마지막 단계에서는 언제나처럼 주어진 원래 수의 가장 왼쪽 숫자에서 답의 가장 왼쪽 숫자를 얻는다. 8을 곱하는 곱셈에서는 원래 수의 가장 왼쪽 숫자에서 2만 뺐지만, 3을 곱할 때는 가장 왼쪽 숫자의 절반에서 2를 빼게 된다. 예시에서처럼 가끔은 가장 왼쪽 숫자의 절반이 1이나 0이 되기도 한다. 이런 경우에는 받아올림한 1이나 2가 생기기 때문에 거기서 2를 빼면 0이 나온다.

2를 곱하는 곱셈

2를 곱하는 곱셈은 조금 시시하다. 이웃 숫자는 사용하지 않고, 주어진 숫자 각각에 차례대로 2를 곱하면 된다(원래 수를 자기 자신과 더하면 2를 곱한 셈이므로, 구구단 2단조차도 암기할 필요가 없다).

1을 곱하는 곱셈

1을 어떤 수에 곱해도 원래 수는 바뀌지 않는다. 17,205 곱하기 1이 17,205이듯 아무리 긴 수라도 1을 곱하면 자기 자신이 된다. 그러므로 이럴 때는 원래 숫자를 그대로 옮겨 적으면 된다.

작은 숫자의 곱셈 규칙을 제시한 이유는 우리 계산법에 완벽을 기하기 위해서였다. 하지만 어떤 숫자를 곱하든 간단한 조작만으로 충분하다는 사실을 명심하자. 우리가 해야 할 일이라곤 9에서 빼고, 두 배 하고, 절반으로 나누고, 이웃 숫자와 더하는 것이 전부다. 한두 시간만 연습하면 자연스럽게 계산법을 익힐 수 있다.

트라첸버그 박사는 이런 점들이 아이들에게 특히 도움이 될 거라고 생각했다. 구구단을 전부 외우는 것보다 새로운 방식을 사용하는 편이 훨씬 쉽다. 아무리 긴 수의 곱셈이라도 이 방식을 사용해 척척 계산할 수 있다. 앞에서 설명한 한 자리 수 곱셈법은 기존에 쓰던 곱셈법의 중간 결과를 제공하기도 한다. 계속 해왔던 대로 푼 다음 세로로 더하면 전체 결과가 나온다.

```
      37654  ×  498
     301232         37,654에 8을 곱하는 법칙을 사용한다
     338886         9를 곱하는 법칙을 사용한다
     150616         4를 곱하는 법칙을 사용한다
    18751692        세로로 더하면 답이 나온다
```

이렇게 하면 아주 간단한 덧셈과 뺄셈만 배운 아이라도 거의 순간적으로 긴 곱셈을 할 수 있게 된다.

유의할 점

성인들도 역시 트라첸버그 계산법을 배운다. 하지만 배우는 목적은 아이와는 다르다. 이미 어렸을 때 구구단을 외웠기 때문에 구구단에 대해 잘 알고 있다. 하지만 여기서 배우는 방식은 새로운 관점에서 접근한 것으로, 구구단으로 계산할 때 취약했던 부분을 더 확실히 알려주고 헷갈리는 부분을 메워준다. 더군다나 매우 참신한 계산법이므로 새로운 흥미를 불러일으킨다는 것 자체가 의미 있다. 이는 트라첸버그 학교에서 13년 동안 이뤄진 교육을 통해 충분히 증명되었다.

어느 정도 연습을 거치면 더는 규칙을 떠올릴 필요가 없다. 예제를 풀다 보면 자동적으로 계산하게 되기 때문이다. 연습은 트라첸버그 계산법을 배우는 가장 좋은 방법이다.

계산법 복습을 위해 각각 규칙들을 정리해보자. 원래 숫자는 답의 다음번 숫자가 적히는 바로 윗부분에 위치하며, 이웃 숫자는 원래 숫자 바로 오른쪽에 있는 숫자를 가리킨다. 이웃 숫자가 없으면(주어진 원래 수의 오른쪽 끝에 있는 숫자의 경우) 이웃 숫자는 0으로 간주하고 무시한다. 또한 원래 수의 가장 왼쪽에 적는 0은 답이 원래 문제의 자릿수보다 한 자리 더 있음을 일깨워준다.

곱하는 수	곱셈 규칙
11	이웃 숫자를 더한다.
12	원래 숫자를 두 배 하고 이웃 숫자를 더한다.
6	원래 숫자에 이웃 숫자의 '절반'을 더한다(분수가 나오면 버림). 원래 숫자가 홀수면 5를 더한다.
7	원래 숫자를 두 배 하고 이웃 숫자의 '절반'을 더한다. 원래 숫자가 홀수면 5를 더한다.
5	이웃 숫자의 절반인 수를 적는다. 원래 숫자가 홀수면 5를 더한다.
9	오른쪽 끝 숫자 : 10에서 뺀다. 중간 숫자들 : 9에서 빼고 이웃 숫자를 더한다. 왼쪽 끝 숫자 : 원래 수의 가장 왼쪽 숫자에서 1을 뺀다.
8	오른쪽 끝 숫자 : 10에서 빼서 나온 숫자를 두 배 한다. 중간 숫자들 : 9에서 빼고 나온 값을 두 배 한 뒤 이웃 숫자를 더한다. 왼쪽 끝 숫자 : 원래 수의 가장 왼쪽 숫자에서 2를 뺀다.
4	오른쪽 끝 숫자: 10에서 빼고 숫자가 홀수면 5를 더한다. 중간 숫자들 : 9에서 빼고 이웃 숫자의 절반을 더한다, 원래 숫자가 홀수면 5를 더한다. 왼쪽 끝 숫자 : 원래 수의 가장 왼쪽 숫자의 절반에서 1을 뺀다.
3	오른쪽 끝 숫자 : 10에서 뺀 값을 두 배 한다. 원래 숫자가 홀수면 5를 더한다. 중간 숫자들 : 9에서 빼고 두 배 한 뒤 이웃 숫자의 절반을 더한다. 원래 숫자가 홀수면 5를 더한다. 왼쪽 끝 숫자 : 원래 수의 가장 왼쪽 숫자의 절반에서 2를 뺀다.
2	이웃 숫자를 전혀 사용할 필요 없이 원래 수의 각 자리 숫자를 두 배 한다.
1	원래 수를 그대로 적는다.
0	어떤 수든 0을 곱하면 항상 0이다.

CHAPTER 2

 빠르게 계산하는 직접 곱셈법

1장에서는 기본적인 곱셈을 흔히 사용하던 구구단을 사용하지 않고 어떻게 계산할 수 있는지 살펴보았다. 이런 새로운 발상을 통해 구구단에 대한 개념을 되짚어보고 불확실한 부분을 확인할 수 있다.

새로운 접근법으로 간단한 곱셈을 하면서 원래 수의 숫자들과 정답의 각 숫자를 짝지어 계산하는 데 익숙해졌을 것이다. 복습해보면 원래 숫자는 정답의 숫자가 적힐 위치 바로 위에 자리한다. 이웃 숫자는 원래 숫자의 바로 오른쪽에 있는 숫자이다. 이런 '원래 숫자-이웃 숫자' 쌍들은 이번 장에서도 다양한 방식으로 다시 쓰인다.

이제 우리는 빠르고 간단하게 곱셈하는 방법의 다음 단계로 나아갈 준비가 되었다. 어떤 수든, 얼마나 길든 중간 과정 없이 바로 곱하는 법을 알게 될 것이다. 예컨대 625에 346을 곱하는 방법은 다음과 같다.

$$\underline{000625} \times 346$$
$$216250$$

우리는 위와 같은 형태로 곱셈하는 방법을 배울 것이다. 보통의 방식대로라면 중간 단계로 세 줄을 더 써야 하지만 이 외에 다른 것을 적을 필요는 없다. 어떤 문제든 문제를 적고 한 번에 답을 쓸 수 있다.

여기에는 두 가지 방법이 있다. 어느 방법을 써도 정답을 얻을 수는 있지만, 상황에 따라 더 적절한 방법을 선택한다. 두 방법이 상당 부분 유사하므로 하나를 배우면 다른 하나도 쉽게 익힐 수 있다. 이번 장에서는 둘 중 '직접 곱셈법'이라 부르는 계산법을 다룬다. 이 방법은 곱셈하기 전의 원래 숫자가 1, 2, 3 같은 작은 숫자일 때 가장 적절하다. 그리고 다음 장에서는 'UT 곱셈법'이라는 또 다른 계산법을 다룬다. 이 방식은 직접 곱셈법에 새로운 특징이 조금 추가된 계산 방식이다. 이 방식을 익히면 987 곱하기 688 같은 큰 숫자를 포함하는 수의 곱셈을 할 수 있게 된다.

각각의 방식은 주어진 문제에 모두 적용될 수 있으며 항상 정답을 이끌어낸다. 경우에 따라 어떤 방식을 쓰면 좋다고 언급하긴 했지만, 이는 순전히 편리함을 위한 것이기 때문에 개인적으로 판단해 문제에 좀 더 알맞은 방식을 골라 쓰면 된다.

덧붙이면, 트라첸버그 계산법이 소개되기 전에도 계산을 빨리하는 사람들은 직접 계산하는 곱셈법을 사용했다. 엄청난 암산 실력으로 사람들을 깜짝 놀라게 한 수학 귀재들은 암산 기술을 비밀로 유지했다. 하지만 이들의 암산 기술은 약간 변형된 부분을 제외하고는 우리의 직접 곱셈법과 거의 유사하다.

이제 직접 곱셈법을 간단한 예로 알아보고 더 복잡한 경우에도 응용해보자. 먼저 작은 숫자에 작은 숫자를 곱하는 경우를 살펴보도록 하겠다.

두 자리 수와 두 자리 수의 곱셈

23에 14를 곱해보자. 먼저 아래와 같이 쓴다.

$$0023 \times 14$$
답 쓰는 곳

두 자리 수끼리 곱할 때는 위와 같이 원래 수 앞에 항상 0을 두 개 붙인다. 답은 한 번에 숫자 하나씩, 그리고 오른쪽부터 0023 밑에 적는다. 다시 말해 답의 맨 마지막 숫자를 3 아래에 쓰고, 나머지는 한 번에 숫자 하나씩 왼쪽으로 채운다.

1단계 : 원래 수 23의 가장 오른쪽 숫자인 3과 곱하는 수 14의 오른쪽 숫자인 4를 곱한다. 답에는 곱한 결과인 12의 2를 적고 1을 받아올림한다(받아올림 표시로 점을 찍는다).

$$\underline{002\overset{*}{3}} \times 1\overset{*}{4}$$
$$\cdot 2$$

3 곱하기 4는 12다.
2를 적고 1을 받아올림한다

2단계 : 23의 2 밑에 적을 답의 다음 숫자는 숫자 두 개(두 중간 단계)를 더한 숫자이다. 중간 단계의 첫 번째 값은 2와 4를 곱한 8이다.

$$\underline{002\overset{*}{3}} \times 1\overset{*}{4}$$
$$\cdot 2$$

중간 단계의 두 번째 값은 3과 1을 곱한 3이다.

$$\underline{002\overset{*}{3}} \times \overset{*}{1}4$$
$$\cdot 2$$

이제 두 중간 단계의 결과를 더한다. 8 더하기 3은 11이지만, 받아올림한 1을 더해야 하기 때문에 실제로는 12가 된다. 2를 쓰고 1을 받아올림한다.

$$\begin{array}{r} 0\,0\,2\,3 \\ \cdot2\cdot2 \end{array} \times \;1\,4$$

2에 4를 곱하면 8이고 3에 1을 곱하면 3이다. 8과 3을 더하면 11이며, 여기에 앞에서 받아올림한 수를 더한다.

3단계 : 원래 수의 가장 왼쪽 숫자인 2를 곱하는 수의 왼쪽 숫자인 1과 곱한다.

$$\begin{array}{r} 0\,0\overset{*}{2}\,3 \\ 3\cdot2\cdot2 \end{array} \times \;\overset{*}{1}\,4$$

2 곱하기 1은 2이다.
여기에 받아올림한 1을 더하면 3이 된다

사실 위의 예시에서는 가장 왼쪽에 있는 0은 쓸 필요가 없었다. 여기서 0은 마지막 단계의 결과가 10 이상일 때를 대비해서 적은 것이다. 마지막 숫자가 3이므로 0을 안 써도 된다.

2단계와 같은 형태는 처음 봤을 것이다. 여기서 우리는 두 숫자를 더해 나온 숫자를 답에 적었다. 중간 단계인 8과 3을 더해 11을 구한 것이다. 8과 3은 두 개의 숫자 쌍의 곱에서 구했는데, 앞으로 이들을 '바깥쪽 쌍', '안쪽 쌍'이라고 부르겠다.

$$\begin{array}{r} 0\,0\,2\,3 \\ \cdot2 \\ \cdot2 \end{array} \times \;\begin{array}{c} 1\;4 \\ \downarrow\;\downarrow \\ 3+8 \end{array}$$

3 더하기 8은 11이다.
여기에 받아올림한 수를 더한다

이 숫자 쌍을 찾으려면 다음과 같이 해야 한다. 2단계에서 우리가 곱셈할 원래 수의 일부(다음 구할 답 위치의 바로 위에 있는 숫자)가 바깥쪽 쌍의 일부분이다. 위에서는 23의 2이다. 나머지 바깥쪽 쌍은 곱하는 수의 오른쪽 숫자인 14의 4이다. 이 숫자들은 모두 바깥쪽에 있다. 또 다른 숫자 쌍인 안쪽 쌍은 3과 1인데, 방금 말한 숫자의 바로 안쪽에 있는 숫자 쌍이다. 즉 23의 3과 14의 1이다. 바깥쪽 쌍과 안쪽 쌍은 이제부터 종종 쓰이니 다음 예제로 확실히 연습해두자.

$$46 \times 87 \qquad 72 \times 34 \qquad 28 \times 92$$
$$4 \times 7 \text{ 바깥쪽 쌍} \qquad 7 \times 4 \text{ 바깥쪽 쌍} \qquad 2 \times 2 \text{ 바깥쪽 쌍}$$
$$6 \times 8 \text{ 안쪽 쌍} \qquad 2 \times 3 \text{ 안쪽 쌍} \qquad 8 \times 9 \text{ 안쪽 쌍}$$
$$\overparen{46 \times 87} \qquad \overparen{72 \times 34} \qquad \overparen{28 \times 92}$$

이번에는 38 곱하기 14를 해보자.

$$0038 \times 14$$

1단계: 맨 먼저 해야 할 일은 8과 4를 곱하는 것이다. 결과값인 32를 적을 때는 2를 쓰고 3은 받아올림한다.

$$0\,0\,3\,\overset{*}{8} \times 1\overset{*}{4}$$
$$\cdots 2$$

2단계: 답의 다음 숫자를 구하기 위해 바깥쪽 쌍과 안쪽 쌍을 이용한다. 답의 다음 숫자가 적힐 위치 바로 위에 있는 3이 이제 우리가 계산해야 할 숫자이다. 3은 바깥쪽 쌍의 일부이다. 바깥쪽 쌍의 다른 일부는 무엇일까? 당연히 14의 바깥쪽 숫자인 4이다. 안쪽 쌍은 안의 두 숫자인 8과 1이다.

$$0\,0\,3\,8 \times \overparen{1\,4}$$
$$\cdots 2$$

이제 3과 4를 곱해 12를 얻고 8과 1을 곱해 8을 얻는다. 그리고 중간 단계 결과값인 12와 8을 더해 20을 얻는다. 전 단계에서 받아올림한 3을 더해야 하기 때문에 결과적으로 23이 된다. 3을 적고 2는 받아올림한다.

$$\frac{0\ 0\ 3\ 8\ \times\ 1\ 4}{\cdot\cdot 3\ \cdot\cdot\cdot 2}$$

3단계 : 왼쪽 숫자 두 개를 곱한다. 즉 38의 3과 14의 1을 곱하여 3을 얻는다. 받아올린 2를 더하면 5가 된다.

$$\frac{0\ 0\ \overset{*}{3}\ 8\ \times\ \overset{*}{1}\ 4}{0\ 5\ \cdot\cdot 3\ \cdot\cdot\cdot 2}$$

이제 연습문제 두 개를 풀어보자. 밑줄 그은 숫자는 예제의 답이다. '작업' 줄에 있는 숫자들이 어떻게 나왔는지 각자 생각해보자.

```
           0 0 3 2  ×  2 2              0 0 6 6  ×  3 4
    답 :     7 · 0 4              답 :     2 2 ···4 ··4
    작업:    6 6 4                 작업:   18 24 4
           +  +                          +  +
            1  4                          4 18
           ___                                +
                                              2
                                             ___
```

이제 위와 같은 형태의 문제를 직접 풀어보자.

1. 0 0 3 1 × 1 5   2. 0 0 1 7 × 2 4
3. 0 0 7 3 × 6 4   4. 0 0 3 4 × 2 1
5. 0 0 4 2 × 2 6   6. 0 0 4 8 × 5 2

답 : 1. **465** 2. **408** 3. **4,672** 4. **714** 5. **1,092** 6. **2,496**

문제를 풀면서 곰곰이 생각해보면 계산 과정이 정말 자연스럽다는 사실을 깨닫게 된다. 지금까지 우리는 두 자리 수끼리 곱해보았다. 답의 오른쪽 숫자를 구하기 위해서 23과 14의 오른쪽 숫자인 3과 4를 곱했고 답의 왼쪽 숫자를 구하기 위해서 23과 14의 왼쪽 숫자인 2와 1을 곱했다. 사이에 답의 중간 숫자가 들어가는데, 이를 구하기 위해서 바깥쪽, 안쪽 쌍을 이용했다. 각 쌍의 두 숫자끼리 곱하여 나온 두 수를 더하면 답의 중간에 들어갈 숫자가 된다.

바깥쪽 쌍, 안쪽 쌍은 앞으로 자주 등장한다. 곡선을 그린 것은 의미를 설명하기 위해서였을 뿐 실제로 문제를 풀 때 숫자를 잇는 곡선을 꼭 그릴 필요는 없다. 답의 다음 숫자가 들어갈 빈칸 바로 위의 숫자가 바깥쪽 쌍을 이루며 실제로 계산할 때에도 이런 식으로 바깥쪽 쌍을 찾을 수 있다. 안쪽 쌍은 예시의 곡선에서 볼 수 있듯이 바깥쪽 쌍의 바로 안쪽에 있는 숫자 쌍이다.

세 자리 수 이상의 곱셈

원래 수가 길 경우에는 앞에서 나온 계산법의 두 번째 단계를 숫자의 자릿수만큼 반복하면 된다. 예를 들어 312 곱하기 14를 계산한다고 해보자. 원래 수가 두 자리에서 세 자리로 한 자리 늘어나 계산이 약간 달라진다. 다음 풀이를 보면 바뀐 점을 알 수 있다.

1단계 : 312의 오른쪽 숫자와 14의 오른쪽 숫자를 곱한다.

$$\underline{0\ 0\ 3\ 1\ \overset{*}{2}} \times 1\overset{*}{4}$$
$$8$$

2단계 : 이제 바깥쪽 쌍과 안쪽 쌍을 이용하자. 312의 1을 계산할 차례이다. 이 숫자는 답의 다음 숫자를 적을 공간 바로 위에 있는 숫자이다. 그러므로 312의 1은 바깥쪽 쌍의 일부이다.

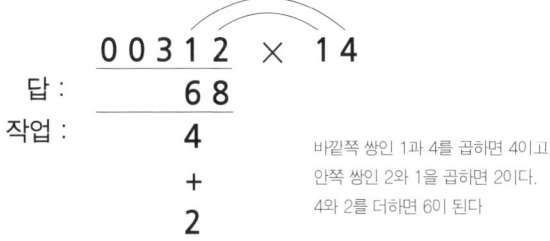

```
        00312  ×  14
답:        68
작업:       4
           +
           2
```

바깥쪽 쌍인 1과 4를 곱하면 4이고, 안쪽 쌍인 2와 1을 곱하면 2이다. 4와 2를 더하면 6이 된다

3단계 : 쌍의 위치를 옮겨 두 번째 단계를 반복한다. 즉 두 번째 단계와는 다른 숫자 쌍으로 계산하는 것이다. 하지만 작업할 다음 숫자가 다음 답이 적힐 공간 바로 위에 있다는 점과 바깥쪽 쌍이라는 점은 똑같다. 그러므로 3이 새로운 바깥 쌍이 되었다.

```
        00312  ×  14
답:       ˙368
작업:       12
            +
            1
```

바깥쪽 쌍인 3과 4를 곱하면 12이고, 안쪽 쌍인 1과 1을 곱하면 1이다. 12와 1을 더하면 13이므로 답에 3을 적고 1을 받아올림한다

4단계 : 답의 맨 왼쪽 숫자를 구하기 위해서 원래 수와 곱하는 수의 왼쪽 숫자 3과 1을 곱하고 받아올림한 1을 더한다.

```
        00*312  ×  *14
답:       4˙368
작업:       3×1
            +
            점
```

이제 우리는 원래 숫자 앞에 있는 0에도 곡선을 그릴 것이다. 이 작업을 하기 위해서는 거기에 어떤 원리가 있는지 알아야 한다. 다음 규칙을 기억하자.

어떤 수에 0을 곱하면 항상 0이 된다.

곱셈에서 0은 다른 수 모두를 무(無)로 만들어버린다. 백만에 0을 곱하면 0이다. 이 사실을 이용해서 마지막 단계를 계산해보자.

바깥쪽 쌍인 0에 4를 곱하면 0이 된다. 안쪽 쌍인 3과 1을 곱하면 3이다. 0과 3을 더하면 3이 된다. 여기에 점을 더하면 4이다. 정답이기 때문에 앞에서 구했던 결과와 같을 수밖에 없다. 이는 마지막 단계를 두 번째나 세 번째 단계와 같은 방식으로 계산할 수 있음을 보여준다. 즉 마지막 단계에 해당하는 특별한 법칙을 쓰지 않고서도 바깥쪽 쌍과 안쪽 쌍을 이용해서 답을 구할 수 있다.

작업 항목의 숫자를 실제로 계산할 때는 머릿속으로 해야 한다. 여기서 적어 놓은 것은 단지 여러분에게 설명하기 위해서이다. 직접 문제를 풀 때는 곱하려는 두 숫자를 적고 바로 답을 써야 한다.

위의 예시들은 바깥쪽 쌍의 위치를 다시금 알려준다. 바깥쪽 쌍은 원래 수에서 답의 다음 숫자가 적힐 자리 바로 위에 있는 숫자이다.

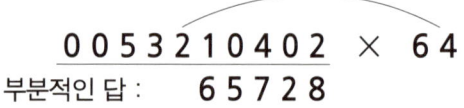

바깥쪽 쌍의 또 다른 숫자는 곱하는 두 자리 수의 오른쪽 숫자이다. 두 자리 수에서 바깥쪽에 위치한 숫자이기 때문이다. 그러면 안쪽 쌍은 우리가 지금 사용한 바깥쪽 숫자 두 개의 바로 안쪽 숫자들로 정해진다.

실제로 계산할 때는 바깥쪽 쌍과 안쪽 쌍에 해당하는 숫자를 손가락으로 짚으면서 계산하는 것도 좋은 생각이다. 이렇게 하면 순간적으로 어디를 계산할지 잊어버리는 실수를 방지하여 문제가 발생하지 않을 수 있다. 312 곱하기 14처럼 세 자리 숫자와 두 자리 숫자를 곱할 때는 어디를 계산할지 잊어버릴 위험이 적다. 하지만 우리는 앞으로 더 긴 숫자들을 계산할 것이다. 각각의 숫자들은 사이를 벌려 똑바로 적어야 하며, 답은 해당 숫자 바로 아래에 적어야 한다. 수식을 깔끔하게 적으면 불필요한 실수를 줄일 수 있다. 우리가 지금 하고 있는 계산뿐 아니라 일반적인 곱셈, 나눗셈, 덧셈, 뺄셈에서도 마찬가지이다. 깔끔함은 발전을 위한 좋은 습관이다.

이제 지금 배운 곱셈법을 얼마나 잘 이해하고 있는지 확인해보자. 아래에 311 곱하기 23의 완전한 풀이가 있다. 답은 311 아래에 적었으며 실제로 암산해야 할 작업 줄을 그 아래에 풀어 썼다. 이제 답과 작업 줄을 종이로 덮고 답의 맨 오른쪽 숫자를 암산해보자. 암산했다면 답의 첫 번째 숫자를 볼 수 있게 종이를 옮기고 맞았는지 확인하자. 또 다음 답의 숫자를 암산으로 계산한 뒤 종이를 옮겨 맞는지 확인하자. 틀렸다면 종이를 옮겨 작업 줄을 본 뒤 그 숫자가 어떻게 계산되어 있는지 확인해보자. 이 작업 줄에 있는 숫자들을 모두 더하면 해답에 있는 숫자가 나온다.

```
                    0   0   3   1   1   × 2 3
        답 :            7  ˙1   5   3
        작업 :        0×3 3×3 1×3 1×3
                          3×2 1×2 1×2
                      (점)
```

원래 수 맨 앞에 붙이는 0

지금까지 살펴 본 예시에서는 원래 수 앞에 0이 두 개 붙긴 했지만 맨 앞의 0은 쓰이지 않았다. 하지만 가끔 0 두 개를 모두 쓰는 때도 생긴다. 다음 예제를 보자.

```
            0   0   5   2   2   × 3 1
   답 :     1  ·6  ·1   8   2
   작업 : 0×1 0×1 5×1 2×1 2×1
           +   +   +   +
          0×3 5×3 2×3 2×3
           +   +
           점  점
```

위의 계산에서는 제일 왼쪽에 있는 두 번째 0 밑에도 답을 적어야 한다. 여기서 1은 그저 점에 의한(받아올림한 1) 결과값임에 주목하자. 곱하는 수 31은 0과 곱하면 0이 되기 때문에 영향을 끼치지 않고, 받아올림한 1만 남게 된다.

이전의 예제에서는 마지막 단계에서 받아올림한 수가 없어 원래 수 앞에 0이 한 개로도 충분했다. 이는 왜 0을 두 개 쓰지 않아도 되는지를 설명해준다.

일반적인 규칙 : 곱하는 수의 자릿수만큼 앞에 0을 붙인다.

앞에서 본 것처럼 0이 항상 필요하지는 않지만 위의 규칙을 따른다고 해서 손해 볼 것은 없다. 0이 하나만 필요할 경우에 0을 두 개 쓴다고 해도 마지막 단계에서 더 쓸 것이 없으므로 마찬가지다.

지금까지 우리는 원래 수가 두 자리거나 세 자리일 때를 살펴봤다. 하지만 241,304 같은 큰 수도 똑같은 방식으로 계산이 가능하다. 두 쌍의 숫자를 곱하고 결과를 더하는 과정을 반복하기만 하면 된다. 241,304 곱하기 32를 풀어보자.

```
                0 0 2 4 1 3 0 4  ×  3 2
        답 :            7˙2 8
        작업 :          6 0
                       0 12
                       점
```

여기까지는 전에 했던 것처럼 원래 수의 세 자리까지 계산한 결과이다. 다음 단계도 같은 방식으로 한다.

```
                0 0 2 4 1 3 0 4  ×  3 2
        답 :          ˙1 7 2 8
        작업 :        2                 1과 2를 곱하면 2고,
                     +                  3과 3을 곱하면 9이다
                     9
```

2와 9를 더해서 나온 답은 11이다. 1을 쓰고 1은 점을 찍고 받아올림한다. 이런 식으로 왼쪽으로 옮기며 계속 계산해나간다. 다음 숫자 쌍은 원래 숫자의 4, 1과 곱하는 수의 3, 2로 이루어진다. 4 곱하기 2의 결과값을 1 곱하기 3의 결과값과 더한다. 정답은 다음과 같다.

```
                0 0 2 4 1 3 0 4  ×  3 2
        답 :    7 ˙7 ˙2 ˙1 7 ˙2 8
        작업 :  0 4 8 2 6 0 8
                6 12 3 9 0 12
                점 점 점    점
```

맨 왼쪽의 0은 사용하지 않았다. 마지막 단계에서 받아올림이 없으므로 맨 왼쪽 0 밑에 쓸 것이 없다. 다만 식을 완전하게 보여주기 위해 0을 적었을 뿐이

다. 규칙에 따르면 곱하는 수가 두 자리면 앞에 0 두 개를 적어야 한다. 0 한 개가 낭비되고 있지만, 그렇다고 해서 문제가 될 것은 없다.

이제 '사고력 문제'를 몇 개 내보겠다. 직접 계산하지 않고 답을 말해야 한다. 앞의 예제처럼 계산하면 311 곱하기 23은 7,153이다. 그렇다면 31,100 곱하기 23은 얼마일까? 원래 수의 끝에 0 두 개가 붙었을 뿐 달라진 점은 없다. 다음을 읽기 전에 답을 결정하자.

여러분이 머뭇거리지 않고 답했으리라 믿는다. 정답은 715,300이다. 원래 수의 오른쪽 끝에 있는 0 두 개는 답에 그대로 옮겨 적으면 된다. 원래 수의 끝에 붙은 0은 얼마나 많이 붙었든지 간에 그 수만큼 답 뒤에 그대로 내려 적는다.

보통 이런 결정을 위해 네 가지 방법 중 하나를 활용한다. 어쩌면 여러분은 한 가지 이상을 동시에 고려할 만큼 영리할 수도 있다. 어떤 경우든 아래의 방법을 살펴보자.

(1) 짐작하기 : 이 표현은 약간 황당하게 들릴 수 있기 때문에 다른 표현으로 대체할 때가 많다. 수학과 거리가 먼 사람들은 주로 '상식'이란 단어를 쓰고, 수학자들은 '수학적 직관'이란 말을 쓴다. 무엇이라 부르든 이 방법은 틀린 답을 구하기도 하지만 종종 옳은 경우도 있다.

(2) 기억 : 수학 시간에 여러분은 늘 무엇이 어떻게 되어야 하는가를 암기했을 것이다. 기억이 희미할 경우에는 기억과 상식을 적절히 섞어 판단한다.

(3) 0곱하기 : 우리는 어떤 수에 0을 곱할 경우 0이 된다는 것을 안다. 31,100의 끝에 있는 0 두 개와 23을 곱하면, 다음 숫자 1에 도달할 때까지 계속 0이 나온다. 31,100의 311부분 전까지 0이 생기는 것을 제외하고 나머지는 311 곱하기 23과 같다. 그러므로 311 곱하기 23을 계산하면 된다.

(4) 요소들을 다시 정리하기 : 이 방식은 수학자들이 즐겨 쓴다. 두 개 이상의 수를 곱할 때 순서가 달라져도 결과는 같다. 예를 들어 2 곱하기 3 곱하기 4를 보자. 그대로 계산하면 2 곱하기 3은 6이고 6 곱하기 4는 24가 되어

답은 24이다. 하지만 우리가 원한다면 3 곱하기 4부터 시작할 수도 있다. 2 곱하기 3 곱하기 4는, 2 곱하기 12와 같고 그 결과 역시 24가 나온다. 2 곱하기 3 곱하기 4는, 2 곱하기 4 곱하기 3 혹은 8 곱하기 3과 같다. 여전히 결과는 24이다. 이제 31,100 곱하기 23에도 이 원리를 적용해보자. 이 곱셈은 311 곱하기 100 곱하기 23으로 생각할 수 있다. 숫자를 재배치하면 311 곱하기 23 곱하기 100과 같다. 즉 앞의 예제처럼 311 곱하기 23을 계산하여 7,153을 얻고 100을 곱하면 되는 것이다. 결과적으로 어떤 숫자에 100을 곱하는 것은 단순히 그 숫자 끝에 0 두 개를 붙이는 것과 같다. 따라서 7,153 뒤에 0 두 개를 붙이면 아까처럼 답 715,300이 나오게 된다.

네 번째 방법의 장점은 다른 곱셈을 풀 때도 어떻게 해야 할지 알려준다는 점이다. 23 뒤에 0 두 개가 붙은 경우를 생각해보자. 2,300 곱하기 311의 경우이다. (4)와 같은 이유로 0 두 개는 답의 맨 뒤에 붙는다. 그래서 답은 715,300이 된다. 또한 3,110 곱하기 230처럼 0 한 개가 311 뒤에 붙고 다른 한 개가 23 뒤에 붙더라도 각각의 0이 답 뒤로 가기 때문에 답은 역시 715,300이 된다.

규칙 : 원래 수와 곱하는 수 뒤에 붙은 0을 모두 모아 답의 끝에 붙인다.
그러고 나서 신경 쓰지 말고 곱셈을 계속한다.

예를 들어 이번 장의 첫 번째 예제였던 다음 곱셈을 보자.

$$\underline{0023} \times 14$$
$$322$$

이제 230,000 곱하기 140을 생각해보자. 답은 어떻게 될까? 앞에서 했던 것처럼 0 없이 곱셈하고 0 다섯 개를 답 뒤에 써주기만 하면 된다.

$$0023 \times 14$$
$$32200000$$

답은 32,200,000이다.

세 자리 수를 곱할 때

우리는 곱하는 수가 두 자리인 다양한 경우를 살펴봤다. 지금까지는 241,304와 같이 원래 수가 아무리 길어도 거기에 곱하는 수는 32처럼 두 자리였다. 그렇다면 곱하는 수가 세 자리일 때는 어떻게 할까?

213 곱하기 121을 살펴보자. 곱하는 수가 세 자리이므로 원래 수 앞에 0을 세 개 붙인다.

$$000213 \times 121$$

원래 수의 왼쪽 숫자 앞에 곱하는 수의 자릿수만큼의 0을 붙이는 것은(가끔은 0들 중 하나가 낭비되기도 하지만) 앞서 언급했던 규칙이다. 이제 각각의 단계를 거쳐 한 자리씩 답을 구해보도록 하겠다.

1단계 :   000213 × 121
         답 :   3   3 곱하기 1은 3이다

2단계 :   000213 × 121
         답 :   73   (밑줄이 한 줄 그어진 숫자들끼리 곱하고,
         작업 : 1×1   두 줄 그어진 숫자끼리 곱한다)
                +
                3×2

처음 두 단계는 이전에 나왔던 방식대로만 계산했다. 여기까지의 계산은 13 곱하기 21과 같다. 하지만 우리는 213 곱하기 121을 계산해야 한다.

3단계 : 이 단계부터는 새로워진다. 답의 다음 숫자는 숫자 쌍을 두 개 합하는 것이 아니라 세 개 합해서 얻어진다.

$$
\begin{array}{r}
0\ 0\ 0\ 2\ 1\ 3 \quad \times \quad 1\ 2\ 1 \\
\text{답}: \quad 7\ 7\ 3 \\
\text{작업}: \quad 2 \times 1 \\
+ \\
1 \times 2 \\
+ \\
3 \times 1 \\
\end{array}
$$

작업 줄에 알기 쉽게 풀이되어 있다. 좀 더 명확하게 하기 위해 바깥쪽 쌍과 안쪽 쌍에 곡선을 그리면 중간 쌍이 생기는 것을 알 수 있다.

$$0\ 0\ 0\ 2\ 1\ 3 \quad \times \quad 1\ 2\ 1$$

가장 바깥 곡선은 213의 2와 121의 마지막 1을 잇는다. 따라서 바깥쪽 쌍은 2 곱하기 1만큼 답에 더해진다. 안쪽으로 가보자. 중간 곡선은 답에 더해지는 두 번째 항목으로 213의 1과 121의 2를 연결하여 1 곱하기 2를 얻는다. 마지막 항목은 가장 안쪽 곡선으로 3 곱하기 1이다. 이 세 항목의 결과값을 더하면 2 더하기 2 더하기 3이 되어 답의 다음 숫자인 7이 나온다. 가장 바깥쪽 쌍인 2와 1의 위치는 이전의 규칙으로 확인할 수 있다. 답의 다음 숫자가 나올 공간 바로 위에 있는 원래 수의 숫자가 바깥쪽 쌍의 일부이며, 또 다른 숫자는 121의 마지막 숫자이다. 바깥쪽 쌍의 안쪽 숫자들이 중간 쌍을 이루고, 남은 숫자들이 안쪽 쌍이 된다. 나머지는 곡선 세 개로 계산하는 과정의 반복이다. 선이 왼쪽으로 옮겨진다는 점만 다르다.

4단계 :　　　0 0 0 2 1 3　×　1 2 1
　　　　　　　　　5 7 7 3
　　작업 :　　0×1
　　　　　　　　+
　　　　　　　2×2　　　　0 더하기 4 더하기 1은 5
　　　　　　　　+
　　　　　　　1×1

5단계 :　　　0 0 0 2 1 3　×　1 2 1
　　　　　　　2 5 7 7 3
　　작업 :　　0×1
　　　　　　　　+
　　　　　　　0×2　　　　0 더하기 0 더하기 2는 2
　　　　　　　　+
　　　　　　　2×1

이 단계가 예제의 마지막 단계이다. 2라는 숫자를 구했고 받아올림할 것이 없기 때문이다. 맨 앞쪽에 있는 0은 순전히 마지막 단계에서 받아올림한 숫자를 처리하기 위한 것인데, 예제에서는 받아올림하는 숫자가 없으므로 계산이 끝났다. 답은 25,773이다.

자세하게 설명하려고 길게 풀이를 늘여 썼지만 실제로 계산할 때는 더 빨리 할 수 있다. 다음 예제는 실제 계산과 비슷한 형태이다. 숫자를 손가락으로 짚고 바깥쪽, 안쪽 쌍을 안쪽으로 옮기는 대신, 숫자에 밑줄을 긋는다. 밑줄이 하나 그어진 숫자들끼리, 둘 그어진 숫자들끼리, 셋 그어진 숫자들끼리 서로 곱하면 된다.

1단계 :   0 0 0 3 0 2 × 1 1 4
                       8

2단계 : (물론 실제로 문제를 풀 때 숫자를 다시 적을 필요는 없다!)

               0 0 0 3 0 2 × 1 1 4
                      2 8   0 더하기 2는 2

3단계 :   0 0 0 3 0 2 × 1 1 4
                     ˙4 2 8   12 더하기 0 더하기 2는 140이다

4단계 :   0 0 0 3 0 2 × 1 1 4
                    4˙4 2 8   0 더하기 3 더하기 0 더하기
                                  점은 4이다

5단계 :   0 0 0 3 0 2 × 1 1 4
                  3 4˙4 2 8   0 더하기 0 더하기 3은 30이다

받아올림할 점이 없으므로 이것이 마지막 단계이다. 만약 점이 있다면 왼쪽 0 밑에 1을 적어야 하고, 점 두 개가 있다면(2를 받아올림한 경우) 맨 왼쪽 0 밑에 2를 적어야 한다. 하지만 받아올림이 없기 때문에 계산은 여기서 끝났다. 답은 34,428이다.

0에 어떤 숫자를 곱하든 결과가 0이 됨을 기억하자.

마지막으로, 실제 계산 문제를 얼마나 쉽게 풀 수 있는지 다음 예제를 풀어보자.

0 0 0 2 0 3 × 2 2 1

203의 3과 221의 1을 곱하면서 시작하는 데까지는 문제없이 잘했을 것이다. 다음으로는 0, 3을 221의 2, 1과 안쪽, 바깥쪽 쌍으로 구분해 곱하고 두 결과를

더해야 한다. 이런 식으로 계속 계산해나가면 정답은 44,863이다.

연습을 위해 스스로 예제를 만들고 풀어보는 것도 좋다. 먼저 곱하는 수가 23, 31처럼 두 자리인 곱셈을 조금 연습하고, 그다음에 곱하는 수가 세 자리인 곱셈을 해보자.

지금까지 배운 곱셈법은 수의 자릿수에 상관없이 적용할 수 있다. 하지만 9,869처럼 큰 숫자가 많이 포함된 긴 수의 경우, 이번 장에서 익힌 방법을 활용할 때 더 큰 숫자를 받아올림해야 한다. 앞의 예제에서 2나 3같이 작은 숫자로 연습했던 이유가 여기에 있다.

큰 숫자가 포함된 문제를 한두 개 풀어보면 다음 장에서 다룰 '스피드 곱셈법'이 왜 필요한지 잘 알게 된다. 스피드 곱셈법에서는 1 혹은 2만 받아올림하면 되기 때문이다. 이번 장에서 배운 방법은 작은 숫자를 곱할 때 아주 편리하게 사용되고, 또 다음 장에서 꼭 필요한 부분이다.

큰 수를 곱할 때

큰 수를 곱할 때에도 원리는 같다. 3,214와 같이 네 자리 수를 곱하는 경우, 답의 각 숫자는 네 부분을 더해서 얻는다. 여기에서 네 부분은 두 숫자를 서로 곱한 결과들이다. 그럼 두 숫자는 무엇일까? 곡선으로 이어진 숫자, 즉 바깥쪽, 안쪽 쌍들이다. 2,103 곱하기 3,214의 예를 보자.

중간 단계에 이용될 숫자 쌍은 모두 네 개이다. 위 단계는 '2 곱하기 4는 8이고 여기에 1 곱하기 1의 결과를 더하면 9가 되며, 여기에 0을 더하면 9, 9 더하기 9는 18이다.'와 같이 나타낼 수 있다. 원래는 숫자 앞에 0을 네 개 붙인다. 3,214가 네 자리 수이기 때문이다. 맨 왼쪽의 0은 마지막 단계에서 받아올림한 숫자가 없다면 불필요하지만 만일을 대비해서 적는다.

1단계 :   0 0 0 0 2 1 0 <u>3</u>   ×   3 2 1 <u>4</u>
                                  ˙2   3 곱하기 4는 120이다

2단계 :   0 0 0 0 2 1 0 <u>3</u>   ×   3 2 <u>1</u> <u>4</u>
                              4˙2   0 더하기 3 더하기 점

3단계 :   0 0 0 0 2 1 <u>0</u> <u>3</u>   ×   3 <u>2</u> <u>1</u> <u>4</u>
                         ˙0 4˙2   4 더하기 0 더하기 6

4단계 :   0 0 0 0 <u>2</u> <u>1</u> <u>0</u> <u>3</u>   ×   <u>3</u> <u>2</u> <u>1</u> <u>4</u>
                      ˙9˙0 4˙2   8 더하기 1 더하기 0 더하기
                                         9 더하기 점

5단계 :   0 0 0 <u>0</u> <u>2</u> <u>1</u> <u>0</u> <u>3</u>   ×   <u>3</u> <u>2</u> <u>1</u> <u>4</u>
                   5˙9˙0 4˙2   0 더하기 2 더하기 2 더하기
                                         0 더하기 점

6단계 :   0 0 <u>0</u> <u>0</u> <u>2</u> <u>1</u> <u>0</u> <u>3</u>   ×   <u>3</u> <u>2</u> <u>1</u> <u>4</u>
                 7 5˙9˙0 4˙2   0 더하기 0 더하기 4 더하기 3

7단계 :   0 <u>0</u> <u>0</u> <u>0</u> <u>2</u> <u>1</u> <u>0</u> <u>3</u>   ×   <u>3</u> <u>2</u> <u>1</u> <u>4</u>
                6 7 5˙9˙0 4˙2   0 더하기 0 더하기 0 더하기 6

더 받아올림한 숫자가 없고 숫자 쌍을 곱하면 모두 0이 되므로 계산은 여기서 끝난다. 답은 6,759,042이다. 이 예제를 통해 곱하는 수가 아무리 길더라도 계산을 할 수 있다는 사실을 분명히 알았다.

요약

이번 장에서 우리는 31 곱하기 23과 같이 두 자리 수에 두 자리 수를 곱하는 경우를 살펴봤다. 그다음에는 32,405 곱하기 42처럼 더 큰 수에 두 자리 수를 곱하는 경우, 32,405 곱하기 422처럼 원래 수와 곱하는 수 모두 큰 수인 경우를 살펴봤다. 이 모든 경우에서 답의 맨 오른쪽 숫자는 원래 수와 곱하는 수의 오른쪽 숫자끼리 곱해서 얻는다. 답의 중간 숫자는 바깥쪽 쌍과 안쪽 쌍을 곱한 결과들을 모두 더해서 구한다. 마지막으로 답의 왼쪽 숫자는 원래 수 앞에 곱하는 수의 자릿수만큼의 0을 붙이고 바깥쪽 쌍과 안쪽 쌍을 곱한 결과를 더한 값과 0을 더해서 구한다.

다음 연습문제를 풀어보자. 곱셈법을 얼마나 이해하고 있는지 점검하고, 더 생생하게 기억하는 데 도움이 될 것이다.

1. **31 × 23**
2. **33 × 41**
3. **63 × 52**
4. **413 × 24**
5. **224 × 32**
6. **705 × 25**
7. **511 × 61**
8. **341 × 63**
9. **4133 × 212**
10. **31522 × 3131**

답 : 1. **713**   2. **1,353**   3. **3,276**   4. **9,912**   5. **7,168**
    6. **17,625**   7. **31,171**   8. **21,483**   9. **876,196**
    10. **98,695,382**

검산하기

아래에 나오는 검산 방법은 트라첸버그 교수가 창안한 것이 아니다. 하지만 매우 단순하고 편리하기 때문에 트라첸버그식 계산 과정에서 유용하게 쓸 수 있다. 수학자들은 몇백 년 동안 계속 사용해 왔지만, 수학을 잘 모르는 사람들은 알지도 못하고 일상생활에서도 쓰지 않는다. 우리는 이 방법을 '자릿수 합 하기'라고 부를 것이다. 핵심은 각 수를 이루는 숫자들을 합하는 것이다.

숫자란 1에서 9까지의 한 자릿수를 말한다. 0도 하나의 숫자이다. 수는 모두 이 숫자들로 이루어진다. '자릿수 합하기'란 다음과 같이 수를 이루는 숫자들을 더하는 방법이다.

$$\begin{array}{rl} 수: & 4 \quad 1 \quad 3 \\ 자릿수\ 합: & 4+1+3=8 \end{array}$$

필요할 때는 다시 한번 계산 결과의 자릿수를 더해서 한 자릿수로 정리해야 한다. 다음 6,324의 예를 보자.

$$\begin{array}{rl} 수: & 6 \quad 3 \quad 2 \quad 4 \\ 자릿수\ 합: & 6+3+2+4=15 \\ 15는\ 다시: & 1+5=6 \end{array}$$

따라서 6,324의 자릿수 합은 6이다. 다시 말해 우리는 이런 정리된 형태의 자릿수 합으로 작업할 것이다. 이렇게 하면 다음 단계가 더 간단해진다.

곱셈을 검산하려면 자릿수 합 세 개가 필요하다. 원래 수의 자릿수 합, 곱하는 수의 자릿수 합, 답의 자릿수 합이 그것이다. 다음 곱셈의 답을 확인해보자.

$$\begin{array}{r} 0\,0\,2\,0\,4 \times 3\,1 \\ \hline 6\,3\,2\,4 \end{array}$$

수 세 개가 연관되어 있으며, 둘은 곱하는 수이고 나머지 하나는 답이다. 각각의 자릿수 합을 구한다.

	숫자	자릿수 합
원래 수:	2 0 4	6
곱하는 수:	3 1	4
답:	6 3 2 4	6 15는 1+5로 6이기 때문이다

답을 확인하는 데 사용하는 규칙은 다음과 같다.

검산 규칙 : 답의 자릿수 합은, 원래 수의 자릿수 합과 곱하는 수의 자릿수 합을 곱한 결과의 자릿수 합과 같아야 한다.

만약 둘이 같지 않다면, 어딘가 문제가 있다는 뜻이다. 위의 예에서 답 6,324의 자릿수 합은 6이다. 이는 나머지 두 개의 자릿수 합을 곱한 수의 자릿수 합과 같아야만 한다. 6 곱하기 4는 24이고 24의 자릿수 합은 6이다. 자릿수 합이 6으로 같기 때문에, 곱셈이 옳다는 것이 확인되었다.

이렇듯 자릿수 합은 항상 한 자리 숫자이기 때문에 자릿수 합을 이용한 검산은 아주 쉽다. 곱셈을 하면서 동시에 검산을 할 수도 있다.

수:	2 0 4 × 3 1 =	6 3 2 4
자릿수 합:	6 × 4 = 24	(다시 2+4)=6

다음은 각 숫자들을 더해 자릿수 합을 구할 때 시간을 절약하는 방법이다. 이 방법을 쓰면 아주 긴 수의 자릿수 합을 구할 때 편리하다.

(1) 중간 과정에서 자릿수 합을 한 자릿수로 정리하면서 계산한다. 252,311의 자릿수 합을 보자. 왼쪽부터 더해간다. 2 더하기 5 더하기 2 … 식으로 말이다. 왼쪽으로 가면서 숫자들을 더한 결과만 말해보자. 2, 7, 9, 12 … 식으로. 이제 한 자리 수로 정리할 때가 되었다. 12는 1 더하기 2가 3이므로

3으로 정리된다. 중간 결과값인 3에 남은 숫자를 계속 더하면 3, 4, 5이며 최종 자릿수 합은 5가 된다. 이렇게 하면 2 더하기 5 더하기 2 더하기 3 더하기 1 더하기 1은 14, 1 더하기 4는 5와 같이 계산하는 것보다 덜 헷갈린다. 아주 긴 수의 경우 이 방법을 쓰면 시간이 많이 절약된다. 예컨대 6,889,567의 경우, 자릿수 합은 4이다. 중간중간 한 자릿수로 정리하면서 더하면, '6, 14는 5, 13은 4, 9, 15는 6, 13은 4.' 이렇게 하지 않고 그냥 모두 더하면 49가 나온다.

(2) 위와 같이 자릿수 합을 계산할 때 나오는 9는 무시한다. 어떤 수에 9가 포함되어 있다면, 몇개가 들어 있든 신경 쓰지 말고 덧셈에서 생략하자. 그렇게 해도 9를 다 포함시켜 더했을 때와 동일한 결과가 나온다. 조금 이상하게 느껴질 수 있겠지만, 항상 참이다. 9,399의 자릿수 합은 3이다. 9를 빼고 더해도 3이 나온다. 9를 덧셈에 포함시켜 보면 합은 30이 나온다. 정리하면 자릿수 합은 3 더하기 0이므로 3이다. 더 나아가 중간에 두 숫자를 더한 값이 9가 나온다면, 이 둘을 무시해도 된다는 점을 기억하자. 예컨대 81,994의 자릿수 합은 4이다. 8과 1을 더하면 9가 되는데, 이것도 무시할 수 있다. 하지만 이렇게 하려면 더해서 9가 되는 두 숫자가 서로 붙어 있거나, 적어도 서로 가까워야 한다. 만약 그렇지 않다면 두 숫자를 덧셈할 때 포함시켜야 한다.

이 검산 방법은 다음 장에서도 유용하게 사용된다. 이번 장에서 풀어봤던 연습문제도 이렇게 검산해보고, 곱셈이 아닌 다른 계산에서도 사용해보자. 얼마나 편리한 검산 방법인지 실감할 것이다.

CHAPTER 3

 UT 곱셈법

마지막 장에서 살펴보겠지만, 트라첸버그 계산법의 가장 큰 장점은 어떤 수에 무슨 수를 곱하든 간에 간단한 곱셈에서처럼 중간 과정에서 숫자들을 적지 않아도 답을 즉시 구할 수 있다는 것이다. 우리는 저번 장에서 직접 곱셈법을 배웠다. 두 수를 곱하는 데 쓰는 방법이긴 하지만, 숫자가 많을 경우에는 계산법을 바꿔야 한다. 그것이 이번 장에서 다룰 주제이다.

큰 숫자를 곱할 때는 큰 숫자를 암산으로 더해야 하고, 받아올림하는 수도 크기 마련이다. 그래서 우리는 계산하기 불편할 정도로 큰 숫자는 암산이 필요 없도록 계산 방법을 개선하려 한다. 이를 위해서 새로운 방식을 추가할 텐데, 트라첸버그 교수는 '두 손가락(Two finger)' 방법이라고 불렀다. 또한 'UT(Units and Tens) 곱셈법'이라 부르기도 한다. 구체적으로 들어가 보면 왜 그런 이름이 붙었는지 알게 될 것이다. 계산 방법과 관련된 이름이기 때문이다.

먼저 새롭게 추가된 특징을 알아보고, 실제로 문제를 풀면서 방법을 전체적으로 적용해볼 것이다. 그러므로 당분간은 지금껏 배웠던 곱셈법을 제쳐두고 다음 사항들에 집중하자.

선생님도 몰래 보는 스피드 계산법
UT 곱셈법

1. 숫자란 5나 7처럼 수를 나타내는 기호를 말한다. 0도 숫자이다.
2. 숫자와 숫자를 곱하면 한 자리 수나 두 자리 수가 나오며, 더 길어지지 않는다. 증명 : 가장 큰 숫자인 9와 9를 곱하면 81, 두 자리에 불과하다.
3. 가끔 숫자와 숫자를 곱하면 한 자리 수가 된다. 2 곱하기 3이 6이 되듯이 말이다. 이 경우에 트라첸버그 계산법에서는 답 앞에 0을 붙임으로써 두 자리 수로 취급한다. 예를 들어 2 곱하기 3을 06으로 하면, 모든 곱셈의 답을 두 자리로 표준화할 수 있어 법칙과 과정을 단순하게 만드는 이점이 있다. 물론 앞에 0을 붙인다고 해도 수의 실제 값에는 영향을 미치지 않는다.
4. 두 자리 수에서 왼쪽 숫자는 십의 자리 숫자이고 오른쪽 숫자는 일의 자리 숫자이다. 예를 들어 37에서 십의 자리 숫자는 3이고 일의 자리 숫자는 7이다. 일상생활에서도 예를 들 수 있다. 여러분이 37달러를 갖고 있다면 10달러 지폐 3장과 1달러 지폐 7장을 가진 것과 같다. 다른 지폐로 세지 않는다고 가정하면 말이다.
5. 새로운 방법을 적용하면 일의 자리 숫자만 사용해도 되는 경우가 자주 생긴다. 예를 들어 24에서 십의 자리 2를 무시하고 4만 이용하는 것이다. 이렇게 숫자를 생략하면 오류가 생기기 쉬울 것 같지만, 사실은 그렇지 않다. 생략한 십의 자리 숫자가 다른 위치에서 나타나기 때문이다. 24에서 2만 쓰는 것처럼, 십의 자리 숫자만 사용하고 일의 자리 숫자는 생략하는 상황도 생긴다.
6. 지금부터 중요한 사실을 알려주겠다. 새로운 방법에서는 위의 2번 항목과 5번 항목을 결합하는 경우가 아주 많이 생긴다. 다시 말해 3과 8을 곱하는 것처럼 두 숫자를 곱할 때 결과값에서 일의 자리 숫자(3 곱하기 8의 결과인 24에서 4)만 사용하거나 또는 십의 자리만 사용하는 경우도 많이 생긴다. 예를 들어 5 곱하기 7에서 35의 십의 자리 숫자인 3만 사용한다. 익숙하지 않은 방식이어서 처음에는 약간 낯설게 느껴질 수 있다. 다음 예제를 풀고 답의 일의 자리 숫자만 말해보자.

(1) 4 × 3   (2) 3 × 6   (3) 5 × 4   (4) 8 × 2

답은 2, 8, 0, 6이다. 이번에는 위의 예제에서 십의 자리 숫자만 말해보자. 답은 순서대로 1, 1, 2, 1이다.

7. 이제 'UT 곱셈법'이라는 이름이 어디서 왔는지 알아보자. 곱할 원래 수(38)를 자리 별로 나란히 적는다. 여기에 4를 곱할 텐데, 5번 항목에서 알려준 것처럼 결과값의 일의 자리 혹은 십의 자리만 쓸 것이다. 하지만 여기서는 조금 특별한 방식으로 왼쪽 숫자(3)와 곱할 때는 일의 자리 숫자만 쓰고, 오른쪽 숫자(8)와 곱할 때는 십의 자리 숫자만 쓸 것이다. U는 결과에서 일의 자리 숫자(units)만 사용한다는 뜻이고, T는 십의 자리 숫자(tens)만 사용한다는 뜻이다. 생략된 숫자를 괄호 안에 적어보면 다음과 같다.

$$\begin{array}{c} \text{U} \ \ \text{T} \\ \underline{3 \ \ 8} \times 4 \\ {}_{(1)}2 \ \ 3 \, {}_{(2)} \end{array}$$

이제부터 U와 T를 위와 같은 방식으로 적는다. 38의 3처럼 왼쪽 숫자의 곱셈 결과는 일의 자리만 사용하고 오른쪽 숫자, 즉 38의 8의 곱셈 결과는 십의 자리만 사용한다.

8. 마지막으로, 아주 간단한 단계가 하나 남았다. 위의 예제에서 구한 2와 3을 더하면 5인데, 이 값은 실제로 곱셈을 하면서 사용할 값이다.

3과 8이라는 숫자 쌍에서 한 자리 수인 5만을 얻었다는 점에 주목하자. 38을 4와 곱했지만 보통의 곱셈이 아니었다. UT 방식의 특징이다. 대상이 되는 숫자 쌍을 제3의 숫자와 곱한 뒤, 결과적으로 위의 예시에서 5에 해당하는 숫자 하나만 얻는다. 이는 우리가 결과 하나에서는 십의 자리를 버리고, 다른 하나에서는 일의 자리를 버렸기 때문이다.

이 과정이 '두 손가락' 방법의 핵심이기 때문에, 연습문제를 끝까지 살펴보겠다. 38에 4를 곱했을 때(일반적인 곱셈이 아님), 그 관계를 다음과 같이 표시할 수 있다.

선생님도 몰래 보는 스피드 계산법
UT 곱셈법

```
              U  T
문제 :    3  8  × 4
작업 :    12 32
            2+3
 답 :       5
```

어느 정도 숙달되면 이 과정을 아주 빨리 해야 한다. 곱하는 숫자를 빼고 다른 것들은 적을 필요가 없다. 38과 4, 그리고 결과인 5만 적는 것이다. 이 계산법을 배우고 난 후에는 앞의 계산 과정처럼 설명을 위한 숫자들을 일일이 생각하지 않도록 하자. 계산 과정 대부분을 무의식적으로 해내야 한다. 38과 4를 보고 2와 3을(12와 32에서 구한) 떠올린 뒤 거의 곧바로 '5'라고 말할 수 있어야 한다. 다른 기술을 익힐 때와 마찬가지로 연습을 많이 할수록 능력이 향상된다. 이 과정이 얼마나 중요한지 강조하기 위해 계산 결과를 특별하게 '숫자 쌍-곱'이란 용어로 부르도록 하겠다. 위의 예제에서 5는 38 곱하기 4의 숫자 쌍-곱이다.

> 정의 : 숫자 쌍-곱은 원래 수의 숫자 쌍을 다른 수(곱하는 수)와 특별한 방식으로 곱해서 얻는다. 먼저 원래 수의 숫자 쌍 각각을 곱하는 수와 곱한다. 그다음 왼쪽 숫자 계산 결과의 일의 자리와 오른쪽 숫자 계산 결과의 십의 자리를 더한다.

숫자 쌍-곱을 이용하면 큰 숫자를 받아올림하거나 직접 다루지 않고서도 곱셈을 빠르게 할 수 있다. 어째서 가능한 걸까? 지금부터 살펴보자. 먼저 다음 예제를 통해 사소한 주의사항을 알아보자.

```
        U T
        8 2  × 5
```

이미 알고 있겠지만, 답은 1이다. 바로 답이 나오지 않았다면 다음 풀이를 보자.

	U T	
문제 :	8 2 × 5	
작업 :	40 10	8 곱하기 5는 40이고, 2 곱하기 5는 10이다
	0 + 1	
숫자 쌍-곱 :	1	

	U T	
문제 :	4 1 × 3	
작업 :	12 03	4 곱하기 3은 12이고, 1 곱하기 3은 03이다
	2 + 0	
숫자 쌍-곱 :	2	

	U T	
문제 :	1 4 × 3	
작업 :	03 12	1 곱하기 3은 03이고, 4 곱하기 3은 12이다
	3 + 1	
숫자 쌍-곱 :	4	

	U T	
문제 :	2 8 × 4	
작업 :	08 32	2 곱하기 4는 08이고, 8 곱하기 4는 32이다
	8 + 3	
숫자 쌍-곱 :	11 또는 1	

위 예제에서 우리는 숫자 두 개를 합하여 숫자 쌍-곱을 얻었다. 마지막 예제의 정답이 11이듯, 결과값은 10을 넘을 수도 있다. 하지만 18 이상은 되지 않으므로 점은 하나만 찍어도 된다. 위의 예제에서 알 수 있는 사항은 다음과 같다.

1. 곱한 결과가 한 자리 수일 때는 앞에 0을 붙여라. 예를 들어 2 곱하기 2는 04이고 6 곱하기 1은 06이다. 이렇게 하는 이유는 수가 한 자리일 때 십의 자리 숫자와 일의 자리 숫자를 착각하여 잘못 기재하는 것과 같은 실수를 막기 위해서다.

2. 두 개의 중간 단계 결과를 더할 때, 즉 한 수의 십의 자리 숫자와 다른 수의 일의 자리 숫자를 더할 때 합은 가끔 10이 넘어 두 자리 숫자가 된다. 이때는 지금까지 해온 것처럼 그 값을 일의 자리 숫자로 고쳐 적고(예컨대 13에서 3으로) 십의 자리 숫자(13에서 1)는 점으로 표시한다. 우리가 받아올림을 하고 있다는 뜻이다. 이 받아올림이 간단한 작업은 아니다(받아올림하는 수가 1보다 더 큰 경우도 있다.-옮긴이). 하지만 중간 단계 값이 153이 되어서 받아올림 하는 숫자가 15가 되거나 하지는 않는다. 받아올림할 숫자가 작다는 말은 우리가 직접 다뤄야 하는 숫자가 작다는 뜻으로 우리에게 좋은 소식이다.
3. 어떤 수에 0을 곱하면 결과는 항상 0이 됨을 기억하자. 한편 어떤 수에 1을 곱하면 그 수는 변하지 않는다.
4. 앞서 38 곱하기 4를 풀이한 것처럼 숫자 쌍-곱을 구하기 위해 전부 적어서 계산하는 것은 한두 번으로 충분하다. 그러고 나면 12와 32 같은 수 두 개를 머릿속에 떠올리는 데 필요한 집중력을 충분히 얻을 수 있다. 두 수의 안쪽 숫자를 더해서 5를 구하면 된다. 연습하지 않더라도 이 과정을 암산하기는 쉽다. 몇몇 단계를 건너뛰기 전에 계산 과정을 완전히 몸에 익히는 것이 중요하다. 어떤 특정 단계에 집중하지 않으면서 계산을 해야 하기 때문이다. 이는 연습으로 충분히 가능하다.

위의 항목들을 생각하면서 다음 예제를 풀어보자.

$$\begin{array}{ll} \overset{U\,T}{6\,4} \times 3 & \overset{U\,T}{2\,6} \times 3 \\ \overset{U\,T}{3\,5} \times 7 & \overset{U\,T}{7\,2} \times 5 \\ \overset{U\,T}{6\,3} \times 5 & \overset{U\,T}{9\,4} \times 3 \\ \overset{U\,T}{7\,5} \times 7 & \overset{U\,T}{4\,1} \times 8 \\ \overset{U\,T}{6\,6} \times 5 & \overset{U\,T}{1\,6} \times 6 \end{array}$$

여기서 잠깐! 지금까지 배운 것을 완벽히 소화했는가? 만약 그렇지 않다면 헷갈리는 부분으로 돌아가서 복습하자. 여기까지의 내용이 이번 장의 핵심이므로 지금 단계에서 완벽히 익혀야 한다.

한 자리 수를 곱할 때

아까 배웠던 숫자 쌍-곱을 이용하여 간단한 곱셈을 할 수 있다. 먼저 3,112 곱하기 6처럼 쉬운 문제부터 시작해 점점 고난도의 문제로 넘어가보자. 숫자 쌍-곱을 이용하면 문제를 새로운 방식으로 풀 수 있다. 기본적인 개념은 다음과 같다.

각각의 숫자 쌍-곱은 답의 숫자 하나에 해당한다.

이제 예제를 풀어보자. 저번 장에서 계산했던 것처럼 원래 수의 앞에 0을 붙이면서 시작한다. 답의 '다음' 숫자가 들어갈 자리(여기서는 답의 첫 번째 숫자 자리) 바로 위에 UT의 U를 써준다.

$$0\ 3\ 1\ 1\ \overset{U\ T}{2}\ \times\ 6$$

T는 숫자 위에 있지 않으므로 당장은 계산할 필요가 없다. 먼저 2 곱하기 6의 일의 자리를 적는다.

1단계 :
$$\underline{0\ 3\ 1\ 1\ \overset{U\ T}{2}}\ \times\ 6$$
$$2$$
2는 12의 일의 자리 숫자

2단계 :
$$\underline{0\ 3\ 1\ 1\ \overset{U\ T}{2}}\ \times\ 6$$
$$7\ 2$$

UT가 왼쪽으로 옮겨갔다. U는 답의 다음 숫자 7이 나타날 자리 바로 위에 있어야 하기 때문이다. 7은 06(1 곱하기 6의 결과)의 일의 자리와 12(2 곱하기 6의 결과)의 십의 자리를 더한 숫자 쌍-곱이다.

첫 번째 단계에서 3112의 2가 U로 쓰였다. 두 번째 단계에서도 이 숫자가 다시 쓰이지만, 이번에는 T로 쓰였다. 이런 패턴은 계속되어 원래 수를 이루는 각각의 숫자들은 한 번은 UT의 U 아래에서, 그다음에는 T 아래에서 두 번 사용된다.

3단계 : UT를 원래 수의 다음 숫자로 옮긴다.

$$\begin{array}{r}\overset{U\ T}{0\ 3\ 1\ 1\ 2} \times 6 \\ \hline 6\ 7\ 2\end{array}$$

6은 06(1 곱하기 6의 결과)의 일의 자리 숫자와 06(역시 1 곱하기 6의 결과)의 십의 자리 숫자를 더한 숫자 쌍-곱이다.

4단계 : UT를 원래 수의 다음 숫자로 옮긴다.

$$\begin{array}{r}\overset{U\ T}{0\ 3\ 1\ 1\ 2} \times 6 \\ \hline 8\ 6\ 7\ 2\end{array}$$

8은 18(3 곱하기 6의 결과)의 일의 자리 숫자와 06(1 곱하기 6의 결과)의 십의 자리 숫자를 더한 숫자 쌍-곱이다.

5단계 : UT를 원래 수의 마지막 숫자인 맨 앞의 0으로 옮긴다.

$$\begin{array}{r}\overset{U\ T}{0\ 3\ 1\ 1\ 2} \times 6 \\ \hline 1\ 8\ 6\ 7\ 2\end{array}$$

1은 00(0 곱하기 6은 0)의 일의 자리 숫자와 18(3 곱하기 6)의 십의 자리 숫자를 더한 숫자 쌍-곱이다.

0을 곱하면 6은 사라지므로 아무리 긴 수를 계산하더라도 0에 도달하면 일의 자리 숫자나 십의 자리 숫자를 생각할 필요가 없어진다.

이 방법대로 계산하면 곧장 계산하는 곱셈법과 달리 큰 숫자가 있다고 해서 계산을 꺼릴 이유가 없다. 쉬운 예제를 통해 1, 2, 3보다 더 큰 숫자를 다뤄보자. 숫자 쌍 앞에 적는 UT에 익숙해지면 생략해도 된다. 하시만 어디를 계산할지 위치를 잃어버리고 잘못된 숫자를 고를 위험을 방지하기 위해 UT는 생략하는 대신에 곡선을 그려보자. 그러면 어떤 숫자 쌍을 계산할지 쉽게 알 수 있다.

1단계 :   0 7 5 8   -   × 7
                   6

56의 일의 자리 숫자를 적는다. '-'는 아무것도 없다는 표시로 십의 자리 숫자는 계산할 필요 없다.

2단계 :   0 7 5 8   -   × 7
               ·0 6

·0(10)은 35(5 곱하기 7)의 U와 56(8 곱하기 7)의 T의 합이다

3단계 :   0 7 5 8   -   × 7
             ·3·0 6

·3(13)은 49(7 곱하기 7)의 U와 35(5 곱하기 7)의 T의 합이다. 여기에 ·0에서 온 점을 더한다

4단계 :   0 7 5 8   -   × 7
           5·3·0 6

5는 49(7 곱하기 7)의 십의 자리에 ·3에서 온 점을 더한 것이다. 0 곱하기 7의 계산 값인 0은 결과에 아무것도 더하지 않는다

따라서 답은 5,306이다. 이 예제에서는 UT 곱셈법의 이점이 전부 드러나지 않았기 때문에 일반적인 곱셈법으로도 쉽게 풀 수 있다. 그러나 보통 곱셈법으로도 쉽게 풀 수 있는 것은 쉬운 문제에 한해서이다. 모든 곱셈 문제가 이처럼 쉽지만은 않다는 것을 명심하자. 하지만 UT 곱셈법은 앞으로 나올 모든 종류의 문제를 다룰 수 있다.

6이나 7 같은 한 자리 수가 아닌 더 큰 수를 곱할 때 UT 곱셈법의 장점이 나타난다. 한편 곱하는 수가 길더라도 한 개의 숫자들이 모여 있는 것이므로, 한 자리 수 곱셈 연습이 중요하다. 긴 수의 곱셈은 지금부터 하려는 한 자리 수 곱셈 계산의 연장선에 있다.

앞서 다룬 예제를 보면 곡선이 원래 수의 숫자들을 가로지르며 어떻게 왼쪽으로 이동하는지를 관찰할 수 있다. 참고로 '두 손가락'이라는 이름은 바로 여기서 비롯되었다. 이 방법을 처음 접하면 어떤 숫자 쌍을 곱하고 있는지, 어떤 숫자 쌍에 U 기호가 붙는지 헷갈린다. 그래서 진행하는 방향에 따라 왼손의 집게손가락과 가운뎃손가락으로 숫자쌍을 짚어나갔을 것이다. 왼손 가운뎃손가락을 '일의 자리(U) 손가락', 집게손가락을 '십의 자리(T) 손가락'이라고 부르자. 손가락이 어디 있는지 확인함과 동시에 숫자 쌍을 짚어나가며 계산에 보조를 맞출 수 있다. 가운뎃손가락은 이미 적은 원래 수 위의 U 자리를, 집게손가락은 T 자리를 짚는다. 많은 도움이 되므로 꼭 시도해보자. 숙달되면 손가락을 짚지 않고도 쉽게 계산할 수 있다.

손가락으로 짚거나 곡선을 그리지 않고 계산할 수 있게 됐다고 해도, 사람은 언제든 실수하기 마련이므로 계산 작업을 질서정연하게 적는 습관을 유지하자. 빠른 속도로 계산하다 보면 그런 방패막이가 특히 필요하다. 깔끔하게 적으면서 계산하는 편이 좋다는 사실은 누구나 알고 있다. 하지만 불행히도 똑똑한 사람조차 대부분 빽빽한 자리에 불규칙한 형태로 계산 작업을 한다. 가능한 한 손가락만 사용해 다음 예제를 풀어보자.

1. 5 6 × 8
2. 5 6 7 × 9
3. 8 5 4 × 4
4. 8 4 5 6 3 × 6

답 : 1. **448**   2. **5,103**   3. **3,416**   4. **507,378**

문제를 직접 만들어 풀어도 좋다. 간단한 문제를 많이 풀어볼수록 길고 어려운 곱셈을 더 빠르고 쉽게 할 수 있다. 한 자리 수 곱셈은 곱셈을 빨리하기 위한 기초이다.

두 자리 수를 곱할 때

지금까지 어떤 수에 6이나 7 같은 한 자리 수를 곱하는 물제를 풀어봤다. 하지만 37이나 2,237같이 긴 수를 곱할 때는 어떻게 해야 할까? 먼저 우리가 익힌 방법을 두 자리 수의 곱셈에도 적용해보자.

앞에서 익힌 방식과 이번 장의 방식을 결합시키면 곱하는 수가 두 자리일 때뿐만 아니라 더 긴 수를 곱할 때도 적용할 수 있다. 바깥쪽, 안쪽 쌍이나 원래 수를 가로질러 옮기며 계산하는 방식을 함께 쓰기 때문에 기억을 되살리며 실력을 다질 수 있다. 다만 차이가 있다면 여기서는 일의 자리와 십의 자리 계산도 사용한다.

73 곱하기 54의 곱셈을 살펴보자. 앞에서는 바깥쪽 쌍과 안쪽 쌍을 이용해서 문제를 풀었다. 이 방법을 그대로 쓰되 새로운 방법과 비교하기 위해 숫자를 짝짓는 방식을 X로 표시하겠다. X 표시가 있는 곳은 각 단계에서 답의 숫자가 하나하나 적힐 자리이다.

1단계 :   0 0 7 3 × 5 4
                  X   계산하지 말고
                              곡선이 가리키는 위치에만 주의하자

선생님도 몰래 보는 스피드 계산법
UT 곱셈법

2단계 : $\overset{\frown}{0\ 0\ 7\ 3}\ \times\ 5\ 4$
              X

3단계 : $\overset{\frown}{0\ 0\ 7\ 3}\ \times\ 5\ 4$
           X

4단계 : $\overset{\frown}{0\ 0\ 7\ 3}\ \times\ 5\ 4$
        X   X는 마지막으로 받아올림한 수가 들어갈 자리이다

이전 장에서는 위와 같은 방식으로 계산했다. 이제 개선된 방법의 풀이와 위 과정을 비교해보자. 이번에도 역시 문제를 풀지 말고 짝짓는 선이 어떻게 이동하는지만 관찰하자.

1단계 : 0 0 7 3 —   × 5 4
              X   이 단계에서는 점선이 필요없다

눈치챘는가? 다음 답이 들어갈 자리 바로 위에 있는 원래 수의 숫자가, 여전히 바깥쪽 쌍의 일부라는 것을 말이다.

2단계 : 0 0 7 3 —   × 5 4

이제 UT 곱셈법이 등장할 차례다. 곱하는 수의 숫자들은 각각 원래 수의 숫자 두 개와 함께 계산된다. 예제에서 곱하는 수의 4는 원래 수의 인접한 숫자인 7, 3과 만나 숫자 쌍-곱을 이룬다. 실선은 일의 자리 숫자를 표시하며, 점선은 십의 자리 숫자를 표시한다. 즉 7 곱하기 4의 일의 자리와 3 곱하기 4의 십의 자리를 이용하는 것이다.

```
      U  T
  0 0 7 3  ×  5 4
       28 +12
```

계산을 끝내기 전에 연결선이 곧장 계산하는 곱셈법과 똑같은 방식으로 원래 수 위를 이동한다는 점을 확인하자.

3단계 :
```
  0 0 7 3  ×  5 4
       X
```
54의 4는 이제 0과 7에 연결되었다.
그리고 5는 7과 3에 연결되었다

4단계 :
```
  0 0 7 3  ×  5 4
       X
```

중요 : 연결선의 위치는 이 계산법에서 가장 중요한 포인트이자 문제를 푸는 비결이다. 숫자들을 서로 곱하고 일의 자리나 십의 자리를 구하는 나머지 작업은 매우 쉽기 때문에 이미 마스터했을 것이다. 긴 수의 곱셈에서 진짜 어려운 점은 바로 올바른 숫자 쌍을 짝지어 곱하는 것이다. 올바른 순서대로 알맞은 숫자 쌍을 계산하면 답을 쉽게 얻을 수 있다.

저번 장에서 다음 답이 적힐 공간 바로 위에 있는 원래 수의 숫자는 바깥쪽 쌍의 일부였다. 여기서 이 숫자는 이제 바깥쪽 쌍의 일부이자 일의 자리 숫자이다. 십의 자리 숫자는 바로 오른쪽에 있다. 이 숫자를 기준으로 안쪽 쌍의 일의 자리와 십의 자리 숫자를 계산한다.

답의 다음 숫자를 구하기 위해 여러분은 앞의 풀이에서 본 것처럼 맨 왼쪽 선을 그리든가 상상하든가 해야 한다. 여기에는 약간의 패턴이 있다. 연결선은 다음번 해답이 계산되어 적힐 자리 바로 위에 위치한다. 풀이를 보고 어떤 과정을 거치는지 이해하고 나면 나머지 패턴도 쉽게 떠올릴 수 있다. 이제 예제를 끝까지 풀어보자.

1단계:
```
      U T
  0 0 7 3  —  × 5 4
        2
```
3 곱하기 4의 일의 자리 숫자는 20이다. 다른 선들은 가리키는 숫자가 없다

2단계:
```
      U T
      U T
  0 0 7 3  —  × 5 4
       '4 2
```
54의 4가 계산에 포함된 28과 12를 더하면 90이다. 5가 계산에 포함된 15와 0을 더하면 50이다. 둘을 더하면 14가 된다

다음과 같이 풀이를 간단하게 나타내면 요점을 더욱 쉽게 파악할 수 있다.

```
         U T ←
         U T ←
    0 0 7 3  —  × 5 4
답:          '4 2
4 계산:    28 + 12
5 계산:     15 + 0
```

밑줄 그은 일의 자리 숫자와 십의 자리 숫자를 더한다. 8 더하기 1 더하기 5 더하기 0을 하면 14가 된다

아래에서 54의 4가 숫자 쌍 73과 작용하는 모습을 살펴보면 위의 풀이가 뜻하는 바를 더 명확히 이해할 수 있다.

```
       U T
       7 3  ×  4
```

그리고 54의 5는 3과 0에 작용한다.

$$\overset{U}{3} - \times 5$$

전에 연습했던 일반적인 UT 곱셈법에서는 73×4를 했을 때 9(28 더하기 12는 9)가 나오고 3-×5를 했을 때 5(15와 더할 것 없음)가 나온다. 두 결과값 9와 5를 더하면 14가 된다. 4라고 적고 14의 1은 점으로 표시한다.

실제 문제를 풀 때는 이 과정 전부가 머릿속에서 이뤄져야 한다. 자세히 풀어 적은 것은 계산법을 설명하기 위해서였다. UT 곱셈법을 조금만 연습하면 쉽게 할 수 있다. 한 자리 수 곱셈 연습이 이 계산법 전체 과정에서 아주 중요하다고 말한 이유가 바로 여기에 있다.

3단계 :

```
              U  T
                U  T
       0 0 7 3  ×  5 4
답 :      9 ·4 2
4 계산 :    0 +28
5 계산 :      35 +15
```

표시된 일의 자리 숫자와 십의 자리 숫자를 더한다. 0 더하기 2 더하기 5 더하기 1은 8이 되며, 여기에 점을 더하면 9다.

4단계 :

```
              U  T
                U  T
       0 0 7 3  ×  5 4
답 :    3 9 ·4 2
4 계산 :  0 0
5 계산 :    0 35
```

0을 곱하면 결국 0이므로 굳이 00이라고 적을 필요가 없다. 0 더하기 0 더하기 0 더하기 3은 3이다.

따라서 답은 3,942이다.

선생님도 몰래 보는 스피드 계산법
UT 곱셈법

긴 수에 두 자리 수를 곱할 때

같은 방법으로 길이에 상관없이 어떤 수에든 두 자리 수를 곱할 수 있다. 앞서 우리는 73 곱하기 54를 계산했는데 이제 5,273 곱하기 54를 생각해보자. 처음 두 단계는 앞의 방법과 같다.

1단계: 0 0 5 2 7 3 × 5 4
                2   4는 12에 0을 더한다

2단계: 0 0 5 2 7 3 × 5 4
               ·4 2   4는 28에 12를 더한다. 5는 15에 0을 더한다.
                        밑줄 친 숫자들을 모두 더하면 14가 된다

이제 같은 과정을 반복한다.

3단계: 0 0 5 2 7 3 × 5 4
              ·7 ·4 2
   4 계산: 08 +28
   5 계산: 35 +15   밑줄 친 숫자들을 더하면 16이며
                              여기에 점을 더하면 17이 된다

4단계: 0 0 5 2 7 3 × 5 4
             4 ·7 ·4 2
   4 계산: 20 +08
   5 계산: 10 +35   밑줄 친 숫자들을 더하면 30이며 여기에
                              17의 점을 더하면 4가 된다

5단계:

```
        U T
        U T
  0 0 5 2 7 3  ×  5 4
      8 4ˑ7 4 2
```
어떻게 이런 결과가 나오는지는 스스로 생각해보자

6단계:

```
        U  T
         U  T
  0 0  5 2 7 3  ×  5 4
  2 8  4ˑ7 4 2
  0 +0
      0 +25
```

답은 284,742다. 물론 실제로 계산할 때는 단계별로 숫자들을 전부 다시 쓰지 않고 한 번만 쓴다. 또한 작업 단계의 숫자는 적지 않을 것이다. 숫자 쌍-곱으로 연습하면 계산이 빠르고 쉬워지며 과정들을 머릿속으로 쉽게 처리할 수 있다. 73과 54의 4를 곱할 때 9라는 결과를 즉시 말할 수 있어야 한다. 충분히 연습했다면 28+12라는 식은 어렵지 않게 풀 수 있을 것이다. 연습할수록 이 과정은 반자동적으로 숙달되고 너무 신경을 쏟지 않아도 저절로 계산하게 된다. 또 그렇게 할 수 있어야만 한다.

세 자리 수를 곱할 때

273 곱하기 154나 5,273 곱하기 154 또는 235,273 곱하기 154와 같이 어떤 수에 세 자리 수를 곱할 때도 앞에서 한 일반 규칙이 적용된다. 여기서 차이점은 앞에서는 두 숫자의 합이었으나, 이번에는 해답의 각 숫자가 세 숫자의 합이라는 점이다. 세 숫자는 서로 다른 숫자 쌍-곱에서 얻는데, 앞에서와 마찬가지로 UT 곱셈법을 이용해 구한다. 먼저 273 곱하기 154를 살펴보자. 154는 세 자리 수이기 때문에 원래 수 앞에 0을 세 개 붙인다.

UT 곱셈법

1단계 :

$$000273 \overset{U\ T}{} \times 154$$

154의 4 계산 : 12+0

154의 1과 5는 숫자 쌍이 없으므로 여기서는 계산하지 않는다

2단계 :

$$000273 \times 154$$

'4 2

4 계산 : 28+12 = 9
5 계산 : 15 + 0 = 5

1은 숫자 쌍이 없으므로 여기서는 계산하지 않는다

여기까지만 보면 이전 예제와 다를 게 없다. 154의 1이 273의 어느 숫자와도 쌍을 이루지 않아 아직 계산하지 않았기 때문이다. 차이점은 이제부터다.

3단계 :

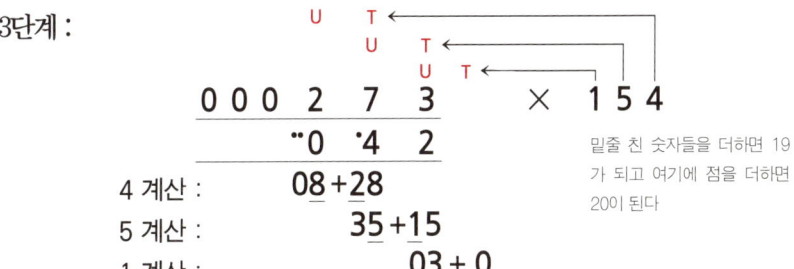

4 계산 : 08 + 28
5 계산 : 35 + 15
1 계산 : 03 + 0

밑줄 친 숫자들을 더하면 19가 되고 여기에 점을 더하면 20이 된다

4단계 :

$$000273 \times 154$$

'2 ''0 '4 2

4는 아직 계산 과정에 들어 있다. 2 곱하기 4의 십의 자리 숫자를 사용하는데 2 곱하기 4가 08이기 때문에 0이다. 5는 10 더하기 35로, 1은 07 더하기 03으로 답에 계산한다.

5단계:

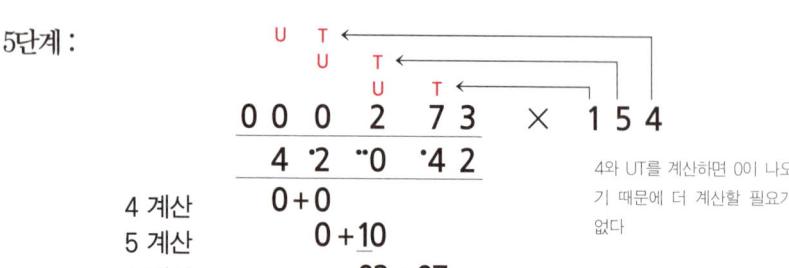

4 계산	0+0
5 계산	0+10
1 계산	02+07

6단계:

$$\frac{\overset{U\ T}{000273} \times 154}{042042}$$

답은 42,042다. 이 예제를 통해 곱하는 수가 네 자리 이상이 되더라도 우리 계산법으로 해결할 수 있음을 알 수 있다.

지금까지 곱하는 수가 한 자리, 두 자리, 세 자리로 늘어나는 경우를 살펴보았다. 자리가 늘어나도 같은 방법을 반복하면 쉽게 풀 수 있다는 사실을 알았다. 이렇게 단계별 방식을 적용하면 계산법을 간단명료하게 확인할 수 있다. 장점은 또 있다. 한 자리에서 두 자리, 세 자리로 차근차근 해나가다 보면 저절로 연습이 된다. 한 자리 수를 곱하는 곱셈을 많이 연습하면 두 자리 수 곱셈이 쉽게 느껴진다. 그러므로 계산법이 익숙해질 때까지 두 자리 곱셈을 많이 연습하면 그보다 큰 수의 곱셈이 쉬워진다. 몇 시간만 연습하면 이 계산법에 숙달할 수 있다. 연습을 끝내고 나면 재빠르게 계산할 수 있는 새롭고 흥미로운 기술을 습득하게 될 것이다. 계산 속도도 빨라진다. 그러므로 충분히 연습하고 나면 경이로운 속도로 문제를 풀 수 있을 것이다.

요약

두 손가락 계산법을 간단히 요약하면 다음과 같은 세 가지 특징이 있다.

선생님도 몰래 보는 스피드 계산법
UT 곱셈법

1. 숫자 쌍-곱을 구하는 과정이 있다. 다음 53 곱하기 7에서 숫자 쌍-곱 7이 만들어지는 과정을 보자.

$$\begin{array}{r} \overset{U}{5}\overset{T}{3} \times 7 \\ \hline 35\ \underline{21} \\ 5+2 \\ \hline 7 \end{array}$$ 숫자 쌍-곱

2. 숫자 쌍-곱을 이용해서 한 자리 수를 어떤 수에 곱할 수 있다.

$$\begin{array}{r} 0\ 3\ 2\ \overset{U}{5}\overset{T}{3} \times 7 \\ \hline 1 \end{array}$$ 3 곱하기 7의 결과인 21의 일의 자리 숫자는 1이다

$$\begin{array}{r} 0\ 3\ 2\ \overset{U}{5}\overset{T}{3} \times 7 \\ \hline 7\ 1 \end{array}$$ 53 곱하기 7의 숫자 쌍-곱은 7이다

그 결과 다음과 같은 정답을 얻는다.

$$\begin{array}{r} 0\ \overset{U}{3}\overset{T}{2}\ 5\ 3 \times 7 \\ \hline 2\ 2\ 7\ 7\ 1 \end{array}$$

3. 한 자리 수를 곱하는 곱셈법을 그보다 더 큰 수를 곱할 때도 활용할 수 있다. 숫자 쌍-곱을 만들고 답의 각 자리 숫자에 숫자 쌍-곱을 더하자. 숫자 쌍-곱에는 안쪽 쌍과 바깥쪽 쌍이 있다. 곱하는 두 숫자를 양 끝으로 해서 안쪽으로 옮겨가며 안쪽, 바깥쪽 숫자 쌍-곱을 얻는다.

$$\begin{array}{r} 0\ 0\ \overset{U\ T}{\underset{U\ T}{7\ 3}} \times 5\ 4 \\ \hline 2 \end{array}$$

$$\begin{array}{r} \overset{\overset{U\ T}{U\ T}}{0\ 0\ 7\ 3} \times 5\ 4 \\ \overset{\cdot}{4}\ 2 \end{array}$$

28, 12, 15에서 8, 1, 5를 더하면 14가 된다

이런 식으로 계산해나가면 다음과 같은 정답을 얻는다.

$$\begin{array}{r} \overset{\overset{U\ T}{U\ T}}{0\ 0\ 7\ 3} \times 5\ 4 \\ 3\ 9\overset{\cdot}{4}\ 2 \end{array}$$

어떤 문제에서든 UT 표시에서 제일 왼쪽의 U는 언제나 그 단계에서 답이 적힐 자리 바로 위에 있다는 점을 명심하자.

연습문제

다음 곱셈에서 숫자 쌍-곱을 큰 소리로 말해보자

1. **67 × 8**
2. **56 × 4**
3. **94 × 2**
4. **77 × 6**
5. **66 × 7**
6. **59 × 7**

숫자 쌍-곱을 이용해서 다음의 한 자리 수 곱셈을 해보자(답의 각 자리 수마다 숫자 쌍-곱이 하나).

7. **56 × 4**
8. **82 × 8**
9. **3945 × 6**

안쪽, 바깥쪽 숫자 쌍-곱을 이용해서 다음 곱셈을 해보자(답의 각 자리 수마다 숫자 쌍-곱이 둘).

10. 95 × 62   11. 38 × 66   12. 83 × 45
13. 3456 × 86   14. 43546 × 62

답 : 1. **13**   2. **2**   3. **8**   4. **6**
     5. **6**   6. **11**   7. **224**   8. **656**
     9. **23,670** 10. **5,890** 11. **2,508** 12. **3,735**
     13. **297,216** 14. **2,699,852**

CHAPTER 4

 덧셈 계산하기

앞에서 우리는 곱셈을 빨리 하는 방법에 대해 알아봤다. 동시에 정확해야 하며 검산이 중요하다는 점도 알게 되었다.

덧셈 문제를 풀 때도 속도와 정확성 두 요소를 다시 한번 강조할 것이다. 이번 장에서는 누구보다도 덧셈을 빨리 할 수 있는 비결을 알려주려 한다. 또 그 결과를 재차 검산하여 더욱 정확성을 높이는 방법도 알게 될 것이다. 곱셈과 달리 덧셈에서 더욱 주의해야 할 부분도 있다. 일반적인 덧셈에서 많은 수를 줄을 맞춰 더하다가 실수를 저지르는 사람들이 많다. 예를 들어 다섯 자리 수의 덧셈을 떠올려보자. 기존 덧셈법을 사용한다면 각 자리의 숫자를 다섯 번 따로따로 더한 후 다시 계산하기 때문에 실수를 하기 쉽다.

여기서는 덧셈을 다시 하지 않고 쉽게 검산하는 방법도 배운다. 이 검산법을 쓰면 다음과 같은 점이 편하다.

1. 작업을 동시에 하기 때문에 모든 과정을 반복하는 수고를 덜 수 있다.
2. 실수가 생기면 그 부분이 어디인지 쉽게 알 수 있다.
3. 계산을 처음부터 반복하지 않고도 실수를 고칠 수 있다.

세 번째 사항은 별로 중요하지 않게 생각하기 쉽다. 하지만 누구나 습관적으로 저지르는 실수가 있다. 맞춤법만 해도 그렇다. 유독 '베개'를 '배게'로 쓰거나 책을 '꽂다'를 '꼽다'로 잘못 쓰는 사람이 있는 것이다. 계산할 때도 마찬가지다. 어떤 사람은 8 곱하기 7을 54라고 계산하는 버릇이 있을 수 있다. 8 곱하기 7이 뭐냐고 물어보면 '56'이라고 대답할지 몰라도, 계산하는 도중 무심결에 '54'로 계산하는 버릇이 나온다. 이렇게 저마다 자주 하는 실수가 있을 것이다. 바로 이것이 같은 계산을 반복하는 검산의 약점이다. 처음에 저지른 실수는 계산하는 사람이 자주 저지르는 실수일 것이고, 검산에서 다시 나타나기 쉽다.

이렇게 자연적인 실수는 상황에 따라 흔히 나오는 실수이기 때문에 내가 푼 문제를 다른 사람이 검산할 때도 나타난다. 간단한 예로 잘못된 표기를 들 수 있다. 계산 도중 4를 적는다는 것이 휘갈겨 쓴 탓에 모서리가 둥그스름하게 되어 9처럼 보인다고 하자. 이 계산을 그대로 검산하려는 사람은 4를 9라고 읽는다. 처음에 한 실수가 계속 이어지는 것이다.

자연적인 실수는 다양한 상황에서 생긴다. 한번 저지른 실수가 계속 반복되기도 하고, 반대 상황도 있을 수 있으며 그 외에도 다양한 경우가 있다. 하지만 일상에서 누구나 자연스럽게 범할 수 있는 이런 실수는 개인이 버릇처럼 저지르는 실수보다 덜 중요하다. 자신이 계산한 문제 풀이를 다른 사람이 검산하는 일은 거의 없기 때문이다.

검산할 때는 원래 계산을 반복하기보다 다른 방법으로 계산해서 확인하는 편이 실질적으로 더 낫다. 트라첸버그 계산법에는 검산을 하는 특별한 방법이 있다. 약간 생소할 수도 있지만 매우 신속한 검산법이다.

총합 구하기

일반적인 덧셈법에서 사람들은 더할 수들을 세로로 적고 맨 아래 수 밑에 선을 그은 후 아래에 총합을 적는다. 소수의 덧셈에서는 소수점을 중심으로 숫자들이 정렬되도록 적는다. 즉 모든 소수점은 처음 적은 소수의 소수점을 기준으로 줄을 맞춰 적는다. 예를 들어 12.5, 271.65, 3.01을 더할 때는 다음과 같이 쓴다.

12.5

271.65

3.01

한편 73처럼 소수점이 없는 수는 소수점이 일의 자리 숫자 바로 다음에 있다고 생각해야 한다. '73.' 과 같이 말이다. 주어진 수에 소수점이 없으면 보이지 않는 소수점이 찍힌 마지막 숫자를 기준으로 정렬하면 된다. 여기까지가 기존의 덧셈법에서 했던 방식이다. 새로운 방법에서도 같은 방식으로 배열한다. 올바른 배열은 아래와 같다.

```
3 6 8 9
  7 5 8
9 6 6 7
1 0 6 4
6 4 9 8
  7 4 5
9 9 6 8
5 8 8 7
9 9 8 8
7 6 1 5
8 7 4 9
```

기존 덧셈법이라면 9 더하기 8 더하기 7과 같이 오른쪽 세로줄의 숫자부터 더해야 한다. 새로운 계산법에서도 이를 적용할 수 있으나 꼭 그렇게 해야 하는 것은 아니며 어떤 세로줄에서도 시작할 수 있다. 이번에는 왼쪽 세로줄에서부터 시작해보자. 트라첸버그 규칙에 따라 아래 방향으로 더한다.

단, 11보다 큰 숫자는 계산하지 않는다.

계산한 총합이 11 이상일 때는 11을 뺀 나머지 값으로 다시 계산하기 시작해야 한다. 계산하다가 11보다 큰 수가 나오면 그 원래 수 옆에 작은 표시를 해줄 것이다. 위의 예시에서 왼쪽 세로줄을 아래 방향으로 계산할 때 다음과 같은 암산을 거친다.

3
9′   3 더하기 9는 12 : 11보다 큰 수이므로 11을 빼준다. 표시를 하고 1에서부터 다시 더하기 시작한다.
1   1 더하기 1은 2
6   2 더하기 6은 8
9′   8 더하기 9는 17 : 표시를 해주고 17에서 11을 뺀다. 6을 떠올리고 거기서부터 이어 계산한다.
5′   6 더하기 5는 11 : 표시를 해주고 '0'에서부터 계속 계산한다.
9
7′   9 더하기 7은 16 : 표시를 해주고 '5'부터 이어 계산한다.
8′   5 더하기 8은 13 : 표시를 해주고 2를 적는다.

합산 결과인 2는 세로줄 아래에 적는다.
그다음 해야 할 일은 앞서 11을 빼면서 표시해둔 개수를 세는 것이다. 이 예시에서는 몇 개를 표시했을까? 다섯 개이다. 표시 개수를 나타내는 5를 세로줄 아래에 적는다. 정리하면 다음과 같이 나타낼 수 있다.

3	6	8	9
	7	5	8
9′	6	6	7
1	0	6	4
6	4	9	8
	7	4	5
9′	9	6	8
5′	8	8	7
9	9	8	8
7′	6	1	5
8′	7	4	9

합산 결과 : 2
표시 개수 : 5

답은 합산 결과와 표시의 개수로 구하는데 다른 세로줄도 이처럼 계산한다. 그 결과는 다음과 같다.

3	6	8	9
	7′	5′	8′
9′	6	6	7′
1	0	6′	4
6	4′	9′	8′
	7	4	5
9′	9′	6′	8′
5′	8′	8	7′
9	9′	8	8
7′	6	1	5′
8′	7′	4	9′

합산 결과 : 2　3　10　1
표시 개수 : 5　6　5　7

이제 마지막으로 합산 결과와 표시들을 모두 더해 답을 구할 차례이다. 합산 결과와 표시 줄의 두 수를 세로로 더하고, 표시 줄에서 더한 그 수의 오른쪽 이웃 숫자를 더한다. 아래와 같이 하면 된다.

```
 - 3 - -
 - 6 5 -
───────────
   14      3 더하기 6 더하기 5
```

끝까지 계산하면 다음과 같다.

```
합산 결과 :  0  2  3  10  1
표시 개수 :  0  5  6   5  7
                       8       1 더하기 7은 8
                    ··2        10 더하기 5 더하기 7은 22
                  ·6           3 더하기 6 더하기 5에 받아올림한 수를 더하면 16
               ·4              2 더하기 5 더하기 6에 받아올림한 수를 더하면 14
             6                 0 더하기 0 더하기 5에 받아올림한 수를 더하면 6
```

오른쪽 이웃 숫자를 더하는 특별한 덧셈은 이 계산법의 특징이며 앞으로도 계속 쓰인다. 위의 예제를 실제로 계산하면 다음과 같다.

(세로셈)

```
    0  2  3  10  1
    0  5  6   5  7
───────────────────
    6 ·4 ·6  ··2  8
```

위의 두 줄을 더할 때는 보통 덧셈처럼 오른쪽에서 시작해 왼쪽으로 옮겨간다. 마지막 단계에서는 실제로 적지 않았더라도 0 두 개가 아래위로 있다고 생각하자. 기존 방식의 덧셈이 아니라 'ㄴ자 모양'으로 더하기 때문에 표시 줄의 맨 왼쪽에 있는 숫자에 더할 0이다. 마지막 단계는 다음과 같이 계산한다.

$$\begin{array}{r} 0 \\ 0\ 5\ \cdot \\ \hline 0\ 6 \end{array}$$ 5에 받아올림한 수를 더하면 6이다

이와 같은 계산 방법을 모든 경우에 적용된다.

문제를 푸는 지름길

계산을 더욱 쉽게 하려면 '11 법칙'을 사용하자. 우리의 계산법에서는 세로줄을 더하면서 나온 값이 19를 넘지 않으므로 계산 결과의 십의 자리는 항상 1이다. 따라서 정말로 11을 뺄 필요는 없다. 십의 자리 숫자를 무시하고 일의 자리 숫자에서 1을 빼기만 하면 충분하다. 즉 계산 결과가 16이었다면 6만 생각하고 거기에서 1을 빼서 5로 계산한다. 그리고 '／'표시를 한다. 별것 아닌 것 같아 보이지만 그렇지 않다. 실제로 문제를 풀 때 이렇게 작업하면 계산이 훨씬 쉬워진다. 간단한 예제를 풀어보자.

$$\begin{array}{r} .8\ 9 \\ .2\ 3 \\ .9\ 6 \\ 1.0\ 4 \\ .3\ 9 \\ .2\ 5 \end{array}$$ 11에서 멈추고 '／'표시를 하라!

합산 결과와 표시 값을 더할 때 아랫줄 오른쪽 이웃을 더했는가? 그랬다면 정답 3.76을 얻었을 것이다. 계산 과정의 아래 두 줄은 다음과 같다.

선생님도 몰래 보는 스피드 계산법
덧셈 계산하기

```
        1 . 2   3
        0 . 2   3
```

아랫줄 0.23에서 오른쪽 이웃을 더해 계산하면 3.76이 나온다.

예제 1 :
```
              5 4 7 7
              9 6 6 5
              2 7 4 6
              8 3 5 6
              7 4 9 9
              5 1 6 2
              6 8 7 5
합산 결과 :   9 0 0 7
'/' 표시 개수 : 3 3 4 3
       합 :  4ʹ5 7 8ʹ0
```


예제 2 :
```
                1 6 . 3 9
              5 0 7 . 2 6
              1 9 5 . 0 0
                7 8 . 3 7
                6 4 . 2 7
                   4 . 7 5
                8 8 . 4 7
              2 8 6 . 5 5
합산 결과:    8 6 4 . 4 2
'/' 표시 개수: 0 3 4 . 2 4
      합 :  1ʹ2 4ʹ1 . 0 6
```

연습문제

연습문제를 몇 개 더 풀어보자. 정답은 다음 쪽에 나와 있으며 문제를 직접 만들어 연습해도 좋다.

1.
```
  4 6 9
  7 4 2
  3 2 5
  9 6 2
  5 2 7
  6 2 3
  2 1 3
―――――――
```

2.
```
6 1 5 9 8
5 0 4 2 3
  7 2 4 6
    7 4 4
      4 2
9 3 5 7
    2 1
―――――――――
```

3.
```
      1.2 5
      3.0 6
      7.5 8
       .9 8
    3 8.5 0
    5 9.5 0
      9.7 5
      2.9 8
    1 2.2 5
    1 4.8 5
    4 5.0 0
    2 5.7 5
―――――――――――
```

4.
```
    1 6 6.1 5
      3 5.9 4
      3 4.1 3
    7 0 5.7 5
    4 2 2.5 0
        2.9 9
      1 6.7 7
    5 2 2.3 5
    8 7 5.8 8
      2 7.6 6
      5 5.1 8
    1 4 9.7 5
―――――――――――――
```

11의 법칙을 이용한 합산 결과와 '✓' 표시 개수를 ㄴ자 모양으로 더하면 아래와 같은 답이 나온다.

1. 0 3 1 9
    0 3 2 2
    ─────────
    3 8 6 ˙1

2. 0 0 6 10 8 9
    0 1 1   1 2 2
    ─────────────
    1 2 9 ˙4 ˙3 ˙1

3. 0 5 0 4 0
    0 1 5 5 5
    ─────────
    2 ˙2 ˙1 ˙4 5

4. 0 4 2 3 9 10
    0 2 3 5 5   5
    ───────────────
    3 ˙0 ˙1 ˙5 ˙˙0 ˙5

검산하기

지금까지 해왔던 방법을 정리해보자. 다음의 예시에서는 간단히 보여주기 위해 대부분의 숫자를 점으로 표시했다.

세로셈 문제:
```
        3  6  9
        .  .  .  .
        .  .  .  .
        8  7  4  9
```
작업 과정:
```
        2  3 10  1
        5  6  5  7
```
답: 6 4 6 2 8

우리는 계산할 수들을 세로셈으로 더하여 작업 과정을 적었고, 그것을 계산하여 정답을 찾았다. 앞선 예시와 같이 작업 과정에는 합산 결과와 '˙' 표시 개수를 적는다. 이제 계산할 수의 세로셈, 작업 과정, 정답의 세 요소를 활용해서 검산을 해보자. 우리는 각각의 검산 숫자를 계산하고 그것을 다른 검산 숫자와 비교해서 둘이 일치하는지 확인할 것이다. 만약 일치한다면 해답은 옳은 것이고, 그렇지 않다면 계산의 어딘가에 문제가 있다는 뜻이다. 이 검산법을 이용하면 계산을 처음부터 반복하지 않아도 틀린 부분을 재빠르게 찾을 수 있다. 이 검산법에는 세 요소가 있다고 했는데, 검산하는 단계도 세 단계다. 먼저 검산 단계를 알아보고, 예제를 풀면서 세세하게 살펴보도록 하자.

　　1 단계 : 계산할 수들을 세로로 적고 세로줄마다 검산 숫자를 구한다.
　　2 단계 : 작업 과정에서 검산 숫자를 구한다.
　　3 단계 : 해답(또는 합)의 검산 숫자를 구한다.

1단계 : 숫자들을 세로로 계산할 때 앞에서 배웠던 것처럼 숫자 9 혹은 더하거나 곱해서 9가 되는 숫자를 지우고 나머지만 계산한다. 이렇게 하면 대부분 두 자릿수가 된다. 그리고 각 자릿수를 계속 더해서 한 자릿수로 만든다. 그 숫자가 세로줄의 검산 숫자이다. 조금 전에 풀었던 연습문제의 왼쪽 세로줄의 검산 숫자를 구해보자.

```
  3̸ 6 8 9
    7 5 8
  9̸ 6 6 7
  1̸ 0 6 4
  6̸ 4 9 8
    7 4 5
  9̸ 6 8
  5 8 8 7
  9̸ 9 8 8
  7 6 1 5
  8̸ 7 4 9
  ─────────
  12
   3
```

먼저 9를 지우고, 더해서 9가 되는 수들, 즉 3과 6, 1과 8을 지운다. 이제 나머지 숫자를 더한다. 5 더하기 7은 12가 되는데, 각 자릿수를 더한다. 1과 2를 더하면 3이다. 즉 첫 번째 세로줄의 검산 숫자는 3이다.

나머지 세로줄 세 개에서도 이와 같은 방법으로 검산 숫자를 구할 수 있다. 더해서 9가 되는 숫자 세 개를 찾았다면 그것을 모두 지울 수 있다. 하지만 더해서 9가 되는 세 개의 숫자 집합을 발견하지 못했다고 해도 결과가 잘못되지는 않는다. 마지막 한 자릿수의 검산 숫자는 언제나 동일하다. 더해서 9가 되는 수들을 많이 놓쳤다고 해도 검산 숫자는 12가 되어 결과적으로 1과 2를 더하는 상황이 된다. 각 자릿수를 더할 때 조금 더 수고한다면 마지막 더하는 과정에서 같은 답을 구할 수 있다.

나머지 세로줄 세 개는 스스로 계산해보자. 다음과 같은 결과가 나와야 한다. 숫자들을 지우는 대신에 밑줄을 쳐서 나타냈다.

```
                          3    6    8    9
                               7'   5'   8'
                          9'   6    6    7'
                          1    0    6'   4
                          6    4'   9'   8'
                               7    4    5
                          9'   9'   6'   8'
                          5'   8'   8    7'
                          9    9'   8'   8
                          7'   6    1    5'
                          8'   7'   4    9'
                         ─────────────────────
  합산 결과 :              2    3   10    1
  ',' 표시 개수 :           5    6    5    7
  답 :                    6    4    6    2    8

  검산 숫자 :              3    6    2    6
  (9의 법칙 적용)
```

검산 숫자를 한 자릿수로 만들 때, 꼭 끝까지 계산한 후 맨 마지막에 각 자릿수를 더해야 하는 것은 아니며 중간마다 더해도 된다(왼쪽에서 두 번째, 세 번째 줄에서 6 세 개의 합이 9의 배수인 18인 점을 유의하자). 왼쪽의 두 번째 줄에서 밑줄 긋지 않은 숫자를 모두 더하면 33이고 3과 3을 더하면 6이 된다. 하지만 이렇게 하지 않고 중간마다 숫자를 더하는 편이 더 쉽고 간단하다. 위에서 아래로 내려가면서 밑줄 그어진 숫자를 모두 무시하고 더해보자. 7 더하기 4는 11이고 1 더하기 1은 2이다. 여기에 7을 더하면 9, 다시 8을 더하면 17이며 각 자리의 숫자를 더하면 8이다. 여기에 7을 더하면 15이고 1과 5를 더하면 6이 된다. 이 6이 세로줄의 검산 숫자이며, 처음 계산했던 결과와 같다. 33이 될 때까지 모두 더하고 한 자릿수로 만들어 6을 얻는 것보다 계산하면서 중간중간에 더하는 편이 계산하기 쉽다. 더하는 숫자가 작아지기 때문이다. 잠시 후 연습문제를 통해 다시 계산해보자.

2단계 : 이 단계에서는 작업 과정의 검산 숫자를 구한다. 다음 작업 과정을 보자.

합산 결과 :	2	3	10	1
'／' 표시 개수 :	5	6	5	7

검산 숫자를 구하기 위해 두 번째 줄을 한 번 더 적고 모두 더한다.

합산 결과 :	2	3	10	1
'／' 표시 개수 :	5	6	5	7
'／' 표시 개수 반복 :	5	6	5	7
더하기 :	12	15	20	15
자릿수 합 :	3	6	2	6

결과를 첫 번째 단계의 숫자들과 비교해보자. 첫 번째 단계에서 세로줄을 더한 결과 3, 6, 2, 6이 나왔다. 두 번째 단계에서도 3, 6, 2, 6이 나왔다. 두 결과가 일치하므로 계산이 옳음을 알 수 있다.

첫 번째 단계와 두 번째 단계의 숫자들이 일치하지 않다고 가정해보자. 예를 들어 첫 번째 단계에서는 3, 6, 7, 6을 얻었고 두 번째 단계에서는 3, 6, 2, 6을 얻었다고 해보자. 왼쪽에서 세 번째 숫자가 서로 다르다. 이는 왼쪽에서 세 번째 세로줄의 계산이 틀리고 나머지 세로줄의 계산은 옳다는 점을 알려준다. 세 번째 세로줄만 다시 계산하면 실수를 바로잡을 수 있다.

3단계: 이 단계는 정답의 검산 숫자를 구하는 단계이다. 예제에서 답은 64,628이었다. 정답의 검산 숫자는 각 자릿수의 합이다. 즉 6 더하기 4 더하기 6 더하기 2 더하기 8은 26이고 다시 두 숫자를 더하면 8이 된다.

이 숫자를 첫 번째 단계와 두 번째 단계에서 얻은 숫자 3, 6, 2, 6과 비교하면 된다. 네 숫자를 모두 더하면 17이 되고 각 자릿수를 더하면 8이다. 64,628의 각 자릿수 합도 8이었다. 결과가 일치하므로 모든 계산이 맞았다는 것을 확인할 수 있다.

이 검산은 모든 덧셈에서 활용할 수 있다. 실제 계산할 때는 검산하면서 작업 과정을 다시 적을 필요가 없이 표시 개수 줄을 머릿속에서 두 번 더하면서 검산 숫자를 구하면 된다. 즉 앞의 예제는 실제로는 아래와 같은 식으로 계산된다.

$$
\begin{array}{cccc}
3 & 6 & 8 & 9 \\
 & 7' & 5' & 8' \\
9' & 6 & 6 & 7' \\
\underline{1} & 0 & 6' & 4 \\
6 & 4' & 9' & 8' \\
 & 7 & 4 & 5 \\
\underline{9'} & 9' & 6' & 8' \\
\end{array}
$$

```
              5′ 8′ 8  7′
              9  9′ 8′ 8
              7′ 6  1  5′
              8′ 7′ 4  9′
합산 결과 :    2  3 10  1
' ′ ' 표시 개수 : 5  6  5  7
    답 :    6  4  6  2  8      합
검산 :
    세로줄 :       3  6  2  6     (9의 법칙 적용)
    작업 과정 :     3  6  2  6 = 8
    답 :        6  4  6  2  8 = 8
```

실제로 계산할 때는 글자는 생략하고 숫자만 적으면 된다. 여기서는 헷갈리지 않게 하기 위해 하나하나 이름을 붙였을 뿐이며 2, 3, 10, 1이 합산 결과를 나타낸다는 점을 알고 하나씩 계산해나가면 되는 것이다.

또 다른 예제를 보자. 이번에는 편리하게 계산할 수 있도록 적는 방식을 약간 바꿨다. 작업 표의 표시 개수 줄을 답 아래에 한 번 더 썼지만 작업 과정은 다시 쓰지 않았다. 정답을 제외하고 작업 과정의 이 세 줄을 더한다.

```
                          . 8  9
                          . 2  3′
                          . 9′ 6
                         1. 0  4′
                          . 3′ 9
                          . 2  5′
           합산 결과 :      1. 2  3
           ' ′ ' 표시 개수 :  0. 2  3
           합 :           3̷. 7̷ 6̷      답은 3.76
           ' ′ ' 표시 개수 반복 : 0. 2  3
           검산 숫자 :     1. 6  9
           9의 법칙으로 세로줄 계산 : 1. 6  0
```

이 검산에서 9의 법칙에 따라 9와 0은 같은 것으로 간주한다. 1.69는 숫자 세 개를 아래 방향으로 더해서 얻어진다. 1 더하기 0 더하기 0을 해서 1이고, 2 더하기 2 더하기 2를 해서 6이며, 3 더하기 3 더하기 3을 해서 9가 된다. 마지막 검산을 통해 3.76의 자릿수 합을 구하면 7이다. 1.69의 자릿수 합도 7이다. 검산한 결과 잘못된 부분이 없다는 점이 확인되었다.

일반적인 검산법

어떤 계산을 하든지 간에 중요한 점은 계산을 반복하지 않고도 검산할 수 있어야 한다는 것이다. 덧셈 외에 뺄셈, 나눗셈, 제곱 구하기, 제곱근 구하기, 또는 이것들이 조합을 이룬 계산인 경우에도 적용될 수 있는 좋은 검산법이 있다. 이 방법은 모든 종류의 계산에 적용된다. 여기서 알려주려는 검산법은 두 가지이다. 둘은 약간씩 다른데 모두 알고 있으면 서로 보완하는 효과가 있다. 먼저 자릿수 합 방식을 주된 검산법으로 제시하고, 11의 법칙 방법을 대안적인 방법 혹은 선택 사항으로 제시하겠다.

자릿수 합 방식

이 방법은 '9의 법칙' 방법이라고도 부를 수 있다. 트라첸버그 계산법에서 흔히 쓰이는 방법으로, 덧셈의 검산법을 배울 때 나왔다. 이미 알고 있겠지만 자릿수 합 방식의 개념은 다음과 같다.

(1) 각 자릿수를 더한다. 예를 들어 5,012의 자릿수 합은 5 더하기 0 더하기 1 더하기 2로 8이다.
(2) 결과가 한 자릿수가 아니라면 한 자릿수로 줄여야 한다. 예를 들어 5,012,431의 자릿수 합은 5 더하기 0 더하기 1 더하기 2 더하기 4 더하기 3 더하기 1로 계산하고, 결과가 16이므로 1과 6을 더해서 7로 만든다.
(3) 자릿수를 더하면서 나오는 9, 혹은 더해서 9가 되는 숫자들은 생략한다.

즉 1과 8같이 더해서 9가 되는 숫자는 둘 다 무시할 수 있다. 이런 식으로 하면 9,099,991의 자릿수 합은 한눈에 봐도 0이다. 9 또는 더해서 9가 되는 숫자들을 모두 더하느라 고생할 필요가 없다. 만약 생략하지 않고 모두 더한다고 해도, 한 자릿수로 줄이고 나면 결과는 여전히 0이 나온다.
(4) '9는 계산하지 않는다.'는 (3)의 원칙에 의해 자릿수 합 9는 자릿수 합 0인 것과 똑같다. 예를 들어 513의 자릿수 합은 0이다. 이 점을 기억하면 쓸데없는 수고를 줄일 수 있다.

예를 들어 918,273,645의 자릿수-합은 얼마겠는가? 복잡하게 생각할 것 없이 3초 만에 자릿수 합을 구할 수 있어야 한다. 답은 0이다. 9를 제외했기 때문이다. 첫 숫자 9와 그다음에 더해서 9가 되는 숫자 쌍을 모두 지우고 보면 결과는 아무것도 남지 않는다. 그렇다면 234,162의 자릿수 합은 얼마일까? 더해서 9가 되는 숫자 세 개씩 지우고 나면 역시 답은 0이다.

물론 대부분의 문제에는 더해서 0이 되지 않는 수가 들어 있다. 제외하고 남은 수를 다 더해서 한 자릿수로 만들면 자릿수 합이다. 따라서 903,617의 자릿수 합은 8이다. 9와 0, 더해서 9가 되는 3과 6을 지우고 남은 1과 7을 더하면 8이 되기 때문이다.

간단하게 계산하는 방법 : 어떤 수의 자릿수를 더하는 도중에 결과가 두자릿수가 되면 바로 한 자릿수로 만들어 계속 계산한다.
예를 들어 7,288,476,568의 자릿수 합을 구해보자. 먼저 7과 2를 더하면 9가 되므로 두 숫자는 생략한다. 그다음으로 8과 8을 더하면 16이 되는데, 이는 두 자릿수이다. 1과 6을 더해 7로 만들어 한 자릿 수로 줄인다. 이렇게 나온 7에서부터 다시 계산한다. 7과 4를 더하면 11이다. 두 자릿수이므로, 1과 1을 더해 2로 만든다. 계속해서 2에 7을 더하면 9이다. 이것은 0과 같다. 이제 다시 시작한다. 5 더하기 6은 11이고 이것은 다시 2가 된다. 그리고 2 더하기 6

은 8, 8 더하기 8은 16인데 이는 7로 만들 수 있다. 따라서 이 긴 수의 자릿수 합은 7이 되었다.

소수도 같은 방식으로 계산한다. 예컨대 5.111의 자릿수 합은 8이며, 소수점은 쓰지 않아도 된다.

설명 : 이 방법에 숨겨진 원리를 모두 파악하고 계산할 필요는 없다. 하지만 내막을 알게 되면 꽤 흥미롭다. 간단히 설명하자면 다음과 같다. 계산할 수의 자릿수 합은 9로 나눴을 때 나머지와 일치한다. 32를 예로 들어보자. 이 숫자를 9로 나누면, 9 곱하기 3은 27이기 때문에 나머지는 5가 된다. 더 긴 수인 281을 9로 나눠보자. 몫은 31이고 나머지는 2가 된다. 이미 알아챘겠지만 첫 번째 예에서 32의 자릿수 합은 5이다. 이는 9로 나눈 나머지 5와 같다. 두 번째 예에서도 자릿수 합은 11이고 한 자릿수로 줄이면 2이다. 모든 경우에서 자릿수 합을 한 자릿수로 줄이면 9로 나눴을 때의 나머지와 같다.

검산에 적용하기 : 검산에서 자릿수 합을 어떻게 활용할 수 있을까? 언뜻 보면 서로 다른 상황에서 따로따로 적용되는 듯 보이지만, 실은 한 가지 기본적인 규칙만 기억하면 된다.

> 계산하려는 수가 무엇이든, 자릿수 합도 구한다. 원래 수의 자릿수 합은 계산 결과의 자릿수 합과 같아야만 한다.

예를 들어 92와 12의 곱셈을 한다고 생각해보자. 답은 1,104이다. 다음과 같이 나란히 적으면 된다.

```
원래 수 :      9 2  ×  1 2  =  1 1 0 4
자릿수 합 :      2  ×    3  =      6
              (1+1)    (1+2)    (1+1+0+4)
```

자릿수 합 2를 계산할 때는 92 혹은 9 더하기 2에서부터 시작한다. 자릿수를 더하면 11인데 한 자릿수로 줄이면 1 더하기 1로 2이다(또는 단순히 9를 무시해도 된다). 여기서 중요한 것은 오른쪽에 있는 6을 구하는 방법이 두 가지라는 점이다. 첫 번째 방법은 2에 3을 곱해 6을 구하는 것이다. 다른 방법은 해답 1,104를 이용한다. 1 더하기 1 더하기 0 더하기 4는 6이다. 두 결과가 6으로 같으므로 답 1,104가 옳다는 것이 확인되었다.

이 방법은 덧셈에도 똑같이 적용된다.

```
원래 수 :         1 5  +  1 2  +  2 0  =  4 7
자릿수 합 :        6   +   3   +   2   =  1 1    (4+7=11)
한 자릿수로 줄이기 :    2               =   2
```

첫 번째 예제에서는 주어진 숫자 92와 12를 곱했기 때문에 자릿수 합인 2와 3도 곱한다고 생각하면 된다. 두 번째 예제는 좀 다르다. 주어진 숫자 15와 12와 20을 더했기 때문에 자릿수 합인 6과 3과 2도 더한다. 원래 계산 옆에 나란하게 자릿수 합을 적으면 편하다.

주어진 수가 백만이 넘어갈 정도로 커도 문제없다. 자릿수 합은 언제나 한 자릿수이기 때문이다. 결과적으로 이 검산법은 약간의 계산만으로 아주 유용하게 정답을 확인하는 방법이다. 연속된 곱셈을 검산해보자.

$$3\,2\,2 \times 2\,8.1 \times 1\,2.4 = 1\,1\,2{,}1\,9\,7.6\,8$$

검산할 때는 소수점을 무시하자. 등호의 왼쪽부터 자릿수 합을 구한다.

```
          7  ×    2   ×    7
                 (14)              적지 말고 암산으로
                        (5    ×    7)   적지 말고 암산으로
                              (35)      암산으로!
                                8       자릿수 합
```

등호 오른쪽에 있는 답 112,197.68의 자릿수 합은 8이다. 등호 왼쪽의 결과값과 같으므로 이 계산은 옳다.

나눗셈도 똑같은 방식이 적용된다. 다음의 간단한 예를 보자.

```
원래 수 :    1 3 2  ÷   1 1   =   1 2
자릿수 합 :     6    ÷    2    =    3
```

답의 자릿수 합은 1 더하기 2로 3이다. 그리고 6을 2로 나눠도 역시 3이다. 계산이 맞았음이 확인되었다. 하지만 대부분의 나눗셈은 예시처럼 딱 떨어지지 않기 때문에 조금 복잡하다. 나눗셈은 다음 장에서 살펴보자. 그 전까지 우리는 나눗셈을 검산할 때 적당한 자릿수 합을 곱한다는 사실만 기억하면 된다.

예를 들어 바로 위의 예시에서 몫과 제수(나누는 수)인 3과 2를 곱하면 6이 된다. 이 값은 피제수(나누기 전의 원래 수)의 자릿수 합과 같다. 따라서 이 계산은 옳다.

11 나머지 방법

자릿수 합 방법 대신 다른 방법을 사용할 수도 있다. 계산을 재확인해야 할 때나 단순히 다양하게 검산하고 싶을 때 사용해보자. 이 방법은 11의 나머지 방식이라 할 수 있다. 하지만 실제로 11로 나누지는 않는다. 앞에서 배웠던 자릿수 합 방법의 결과가 9로 나눈 나머지듯이, 이 방법은 11로 나눈 나머지를 구한다. 자릿수 합 방법과 비슷하다. 다음 설명을 보자.

첫 번째 사례 : 두 자리 숫자

우리는 48과 같은 두 자리 수를 11로 나눈 나머지를 구하기 위해 일의 자리 숫자에서 십의 자리 숫자를 뺄 것이다. 48은 8에서 4를 빼면 된다. 즉 48을 11로 나눈 나머지는 4이다. 실제로 48을 11로 나눠도 같은 결과가 나온다.

종종 십의 자리 숫자가 일의 자리 숫자보다 크기 때문에 뺄 수 없을 때가 있다. 86이 그 예다. 이때는 일의 자리에 11을 더해서 십의 자리보다 크게 만든다. 86의 6에 11을 더하면 17이고 여기서 8을 빼면 9가 된다. 또 52에서도 2 빼기 5를 해야 하므로, 2에 11을 더한 후 5를 빼서 8을 얻는다.

두 번째 사례 : 두 자리보다 긴 숫자들

이 방법은 건너뛴 둘째 자리 숫자마다 적용된다. 즉 주어진 수의 맨 오른쪽 숫자에서 시작해서 왼쪽으로 가면서 한 자리씩 건너뛰어 숫자들을 더한다. 그 결과값에서 나머지 숫자들의 합을 뺀다. 943,021,758의 예를 보자. 맨 오른쪽 8에서 시작해서 왼쪽으로 가면서 한 자리씩 건너뛴 숫자들을 더한다.

$$8 + 7 + 2 + 3 + 9 = 29$$

그다음으로 오른쪽에서 두 번째 숫자인 5로 돌아가 다시 하나씩 건너뛴 숫자를 더하라.

$$5 + 1 + 0 + 4 = 10$$

그리고 뺀다.

$$29 - 10 = 19$$

자릿수 합 방법에서 수를 한 자릿수로 줄인 것처럼 19도 줄여야 한다. 이 검산법에서는 일의 자리 숫자에서 십의 자리 숫자를 뺀다.

$$9 - 1 = 8$$

위의 예에서는 29에서 10을 뺐다. 하지만 29에서 35를 빼야 한다고 가정해보자. 이때는 뺄셈을 할 수 없다. 그러면 어떻게 해야 할까? 앞에서 배운 대로 작은 숫자에 11을 더한 후 뺄셈을 하면 된다. 즉 29 빼기 35는 40 빼기 35가 되고 그 결과는 5이다.

29와 35가 큰 숫자라서 계산하기 까다로워 보이는가? 지름길이 있다. 이전에도 썼던 방법이다. 먼저 29를 구하고 난 뒤 남은 숫자들의 합을 구하여 한꺼번에 빼지 말고, 29에서 곧바로 뺄셈을 시작한다. 처음 합을 구하고 나서 그 합에 포함되지 않은 나머지 숫자들을 바로 합에서 빼나가면 두 번째 합을 구하지 않고도 빨리 결과를 구할 수 있다.

2,368,094의 예를 보자. 4에서부터 시작해서 밑줄 친 숫자들을 더한다.

$$2,3\underline{6}8,0\underline{9}\underline{4}$$

4 더하기 0은 4이고 여기에 6을 더하면 10, 2를 더하면 12가 된다. 그러고 나서 나머지 숫자들을 계산하자.

$$2,3\underline{6}8,0\underline{9}\underline{4}$$

12에서 하나씩 빼자. 12에서 9를 빼면 3이다. 그다음에는 8이 3보다 크기 때문에 뺄셈을 할 수 없으므로 3에 11을 더한 14에서 8을 뺀다. 그 결과인 6에서 3

을 빼면 3이다. '11-나머지'는 3이다. 방향을 바꿔 왼쪽에서 오른쪽으로 뺄 수도 있다. 12에서 3을 빼면 9이고, 여기서 8을 빼면 1이다. 1에 11을 더하면 12이고 12에서 9를 빼면 3이 된다. 이 계산의 '11-나머지'는 어떤 지름길을 택해서 계산하든 항상 3이다.

또 아주 효과적인 다른 지름길도 있다. 인접한 숫자 쌍을 이용하여 한 숫자에서 다른 숫자를 빼는 방법이다. 4,693,260,817를 예로 살펴 보자. 숫자를 두 개씩 묶어 밑줄로 표시하면 다음과 같다.

$$\begin{array}{c} \underline{4\ 6}\quad \underline{9\ 3}\quad \underline{2\ 6}\quad \underline{0\ 8}\quad \underline{1\ 7} \\ \text{빼기}: \quad 2 \qquad 5 \qquad 4 \qquad 8 \qquad 6 \end{array}$$

설명: 윗줄은 숫자 쌍을 나타내고 아랫줄은 숫자 쌍에서 구한 11-나머지를 나타낸다. 11-나머지는 일의 자리에서 십의 자리를 빼서 구한다. 물론 밑줄 그은 숫자 쌍을 임시로 십의 자리, 일의 자리라 말하는 것에 불과하다. 4 6을 46으로 취급하는 것처럼 말이다. 왼쪽에서 오른쪽으로 계산을 해보자. 4 6에서는 6에서 4를 빼면 2가 된다. 다음으로 3 빼기 9를 할 때는 3에 11을 더한 14에서 9를 빼서 5가 된다. 그다음 6에서 2를 빼서 4가 되고, 8에서 0을 빼서 8, 7에서 1을 빼서 6이 된다. 숫자 쌍 밑에 하나씩 적힌 숫자 열은 이렇게 구한 것이다.

이제 구한 숫자들을 더한다. 2 더하기 5는 7이고 여기에 4를 더하면 11이다. 이는 0이다. 11-나머지 법칙에서 11은 0과 같기 때문이다. 8 더하기 6은 14이고 이것은 3이다. 11-나머지 법칙을 따라 14에서 11을 뺐기 때문이다. 그러므로 결과는 3이다.

응용: 9의 법칙처럼 11-나머지도 검산에 활용할 수 있다. 여기에 적용되는

원칙은 앞에서와 같다.

예를 들어 저번 장에서 했던 곱셈을 검산해보자. 302 곱하기 114의 결과로 34,428을 얻었다. 숫자들을 적고 밑에는 각각의 11-나머지를 적어보자.

$$302 \times 114 \times 34428$$
$$(5) \qquad (4) \qquad (9)$$

5와 4를 곱한다. 곱셈 계산이 맞다면 결과값이 방정식 오른쪽의 9와 같아야 한다. 물론 곱셈 결과에서 11을 빼고(필요하다면 한 자릿수로 줄인다) 나온 나머지가 같다는 뜻이다. 실제로 그런가? 그렇다. 5 곱하기 4는 20이며, 11을 빼면 9가 남는다. 답의 11-나머지와 같다.

다음의 예제 두 개를 더 풀어보자. 그리고 방금 배운 방법을 써서 스스로 검산해보자.

(1) $5273 \times 54 = 284742$

$273 \times 154 = 42042$

검산해보면 두 계산 모두 옳다는 것을 알 수 있다. (1)에서 11-나머지는 등호 왼쪽이 4 곱하기 10, 오른쪽은 7이다. 40의 11-나머지가 7이어야 한다. 0에서 (11을 더하고) 4를 빼면 40의 11-나머지는 7이다. 따라서 계산은 맞다. (2)에서 등호 왼쪽의 11-나머지는 9 곱하기 0이고, 오른쪽은 0이다. 9 곱하기 0은 0이기 때문에 이 계산도 옳다.

CHAPTER 5

 빠르고 정확한 나눗셈

한 대학의 개강 첫날이었다. 수학과 학장의 1학년 대수학 강의를 듣기 위해 학생 서른 명이 모였다. 기초가 탄탄해야 어떤 지식이든 쌓을 수 있는 법. 교수는 학생들이 앞으로 공부할 내용에 대해 어느 정도 기초가 있는지 알기 위해 문제 하나를 냈다. 그리고 정말 기초적인 것부터 강의를 시작했는데, 그는 학생들이 잘 알고 있다고 자신하는 부분도 실은 그렇지 않다고 생각했기 때문이었다. 교수는 학생들에게 자릿수가 긴 수의 나눗셈을 풀도록 했다. 칠판에 7,531,264 같이 큰 수를 적고 이것을 9,798로 나눠보라고 시켰던 것이다. 교수는 모든 학생이 문제를 다 풀 때까지 기다린 다음 답안지를 걷어 답을 채점해보았다. 답안지 서른 장에는 스물다섯 개의 서로 다른 답안이 적혀 있었다. 물론 정답은 하나였고 스물네 개는 오답이었다. 서른 명 가운데 여섯 명만이 맞는 답안을 제출했고 나머지 스물 네 명은 적어도 한 곳에서 실수를 저질렀다.

왜 이런 일이 생겼을까? 이 학생들이 모두 중·고등학교에서 수학을 배웠으며 모든 과정을 마친 대학생이라는 사실을 감안하면, 일반인의 결과는 더 나빴을 것이다. 원인은 정답을 제대로 확인하는 법을 배우지 못한 데 있다. 실제로 문제풀이는 답이 옳다는 확신을 얻기 전까지는 끝난 것이 아니다. 이전 장에서도 체계적인 검산의 중요성에 대해 강조했는데, 나눗셈에서는 곱셈이나 덧셈보다 검산의 습관이 더욱 중요하다.

긴 수의 나눗셈을 할 때는 두 가지 방법 중 하나를 선택해야 한다. 두 방법 모두 지금까지 해오던 나눗셈 방식과 다르다. 첫 번째 방법은 간단한 방법이다. 수학적인 테크닉이 많이 필요하지 않기 때문에 수학을 잘 하지 못하거나 수학에 별로 흥미가 없는 사람들에게 적합하다. 쉽게 기억할 수 있고 정답을 찾기까지 실수할 여지가 거의 없는 방법이다.

두 번째 방법은 빠른 방법이다. 숫자를 좋아하는 사람들은 재미있어 할 것이다. 이 방법은 수학에 적성이 있는 사람들이 흥미를 갖기 쉽다. 한 번 배우고 나면 일반적인 계산법보다 훨씬 쉽고, 완벽히 습득하면 주변 사람들을 깜짝 놀라게 할 수 있다. 중간 단계 없이 긴 나눗셈의 답을 곧장 적을 수 있기 때문이다.

간단하게 나눗셈 하기

두 개의 수를 더하고 뺄 수만 있으면 되므로 수학에 재능이 없어도 이 방법을 익힐 수 있다. 27,483,624 나누기 62를 해보자. 숫자를 적는 방식은 일반적인 나눗셈과 비슷하다.

62 27483624 답

62는 제수(나누는 수)이다. 계산을 할 때는 수들의 세로셈 맨 위에 위치한다. 62를 열 번 더해서 세로셈을 완성한다.

```
            6 2     2 7 4 8 3 6 2 4     답
            6 2
          1 2 4
            6 2
          1 8 6
```

제수 세로셈의 왼쪽에는 다음과 같이 각 자릿수 합의 검산 수로 이뤄진 세로셈을 적어나간다.

검산 세로셈   제수 세로셈

```
     8                         6 2
     8                         6 2
   (16)→ 7                   1 2 4
       8                       6 2
   6 ←(15)                   1 8 6
                               ⋮
```

검산 숫자를 어떻게 계산하는지 알아보자. 각 단계마다 제수 세로셈에 62를 더해나가면서 검산 세로줄에는 8씩을 더한다. 이것은 62의 각 자릿수의 합이 8이기 때문이다(6 더하기 2는 8). 8 더하기 8로 16을 얻어서 두 자리 수가 되었을 때는 다시 각 자릿수를 더하여 한 자릿수로 줄인다. 여기서 16은 7로 바뀐다(1 더하기 6은 7). 그리고 7로 다시 계산한다. 다음 단계에서 8을 더하면, 7 더하기 8로 15가 된다. 역시 두 자릿수이므로 한 자릿수 6으로 줄인다(1 더하기 5는 6). 이런 식으로 계속한다.

각 검산 숫자는 구하자마자 활용이 가능하다. 첫 번째 덧셈 후에 여러분은 16을 줄여서 7을 얻었다. 이 숫자가 제수 세로셈의 첫 번째 덧셈 결과인 124의 바로 왼쪽에 위치한다는 점에 주목하자. 124를 7과 대조할 수 있는 것이다.

124의 각 자릿수를 더하면 1 더하기 2 더하기 4로 7이 나온다. 옆에 구해 놓은 7과 일치한다. 따라서 이 줄의 계산은 옳다. 다음으로 124에 다시 62를 더해서 186을 얻는다. 왼쪽의 검산 세로셈에서는 8을 더해 15가 된다. 15는 6으로 줄일 수 있고 6은 186의 검산 숫자가 된다. 이 계산도 옳은지 확인하려면 186의 각 자릿수를 더해보자. 1 더하기 8은 9인데 자릿수 합 검산법에서 9는 무시하므로 남은 6이 그대로 자릿수 합이 된다. 일치하므로 이 줄의 계산도 맞다. 각각의 단계에서 제수 세로셈에는 62를 계속 더하고 검산 세로셈에서는 8을 계속 더한다. 그리고 제수 세로셈의 결과를 검산 세로셈의 결과와 대조해본다. 제수 세로셈 총합의 자릿수들을 더해서 새로 구한 검산 숫자와 일치하는지 살피는 것이다.

이런 식으로 검산을 하면 덧셈에서 생길 수 있는 실수를 막을 수 있다. 계산하는 중간 중간 계속 확인이 가능하다.

이런 덧셈은 몇 번이나 계속해야 할까? 62란 숫자를 세로셈에 열 번 적고 덧셈을 하니까 총 아홉 번을 더하면 된다. 그리고 열 번째 덧셈 결과는 620이어야 한다. 여기서는 제수가 62지만, 어떤 수가 제수가 되든 끝에 0을 붙인 것과 같다. 숫자 끝에 0을 붙이는 것은 10을 곱하는 것과 같다. 결과적으로 열 번째 숫자는 원래 제수에 0을 붙인 것이다. 다음은 이 과정의 전체 내용이다.

검산 세로셈	제수 세로셈	긴 수(피제수)	답
8	6 2 ①	2 7 4 8 3 6 2 4	답 쓰는 자리
8	6 2		
(16)→7	1 2 4 ②		
8	6 2		
6←(15)	1 8 6 ③		
8	6 2		
(14)→5	2 4 8 ④		
8	6 2		
4←(13)	3 1 0 ⑤		
8	6 2		
(12)→3	3 7 2 ⑥		
8	6 2		
2←(11)	4 3 4 ⑦		
8	6 2		
(10)→1	4 9 6 ⑧		
8	6 2		
0←(9)	5 5 8 ⑨		
8	6 2		
8	6 2 0		

620은 62에 10을 곱한 것과 같다. 계산이 확인되었다.

제수 세로셈을 만들고 검산 세로셈으로 검산하고 나면 검산 세로셈은 더 이상 필요하지 않으므로 지워도 좋다. 오른쪽에 각 단계를 표시해왔다는 점에 주목하자. 동그라미 안의 숫자들은 62를 몇 번 곱했는지 말해준다. 예를 들어 ② 옆에 124가 있는데, 124는 62 곱하기 2라는 뜻이다. 써내려간 수들은 62의 배수를 나타낸다. 예컨대 434는 62의 배수이다. 62 곱하기 7은 434이기 때문이다. 따라서 제수 세로셈에서 434와 그 옆의 ⑦을 보면 이 숫자가 62의 7배라는 점을 알 수 있다.

제수 세로셈을 만들었기 때문에 실수하기 쉬운 62 곱하기를 할 필요가 없어졌다. 이제 나머지 계산은 다음 규칙을 따르면 된다.

> 피제수(나누기 전의 원래 수)보다 작은 제수 세로셈의
> 수 중 가장 큰 수를 피제수에서 반복해서 뺀다.

보통 나눗셈처럼 긴 수(피제수)의 왼쪽 끝에서부터 뺄셈을 한다. 각각의 단계에서 제수 세로셈을 살펴보며 뺄셈을 할 수 있는 범위 안에서 가장 큰 수를 찾아야 한다.

27,483,624를 보자. 처음 숫자 두 개만 사용하려 한다면 27일 것이다. 제수 세로셈을 훑어보자. 제수 중에 27보다 작은 수가 없으므로 긴 수의 첫 세 숫자인 274로 계산한다. 이제 다시 제수 세로셈을 보자. 274에서 뺄 것이기 때문에 274보다 작은 수를 찾아야 한다. 62, 124, 186, 248이 274보다 작고 나머지는 모두 274보다 크다. 즉 뺄셈을 할 수 있는 제일 큰 수는 248이 된다. 이 수를 가지고 다음 법칙을 적용해보자.

> 뺄셈을 할 수 옆에 표시한 숫자, 즉 몇 번 곱했는지를
> 뜻하는 숫자가 정답에 들어갈 숫자이다.

248에 표시된 숫자는 ④이다. 이는 4가 정답의 첫째 자리에 들어갈 숫자임을 뜻한다.

제수 세로줄	피제수	답
6 2 ①	2 7 4 8 3 6 2 4	4
1 2 4 ②	2 4 8	
1 8 6 ③	2 6 8	
2 4 8 ④		
...		

이 숫자를 답 적는 자리에 쓰고 나서 긴 수(피제수) 아래에 248을 적고 위와 같이 뺄셈을 한다. 뺄셈을 하여 나온 26 옆에 피제수의 다음 자리 숫자를 내려 적는다. 이 부분은 학교에서 배우는 나눗셈과 비슷하다.

이제 피제수 아래의 새로운 수로 같은 과정을 반복한다. 제수 세로셈을 보면서 268보다 작은 수 중에서 가장 큰 것을 찾아 268에서 빼고, 표시된 숫자 ④를 답 자리에 적으면 다음과 같다.

```
  제수 세로줄           피제수              답
    6 2  ①         2 7 4 8 3 6 2 4       4 4
  1 2 4  ②           2 4 8
  1 8 6  ③           2 6 8
  2 4 8  ④           2 4 8
     …                2 0 3
```

예제를 끝까지 계산하면 아래와 같다.

```
    6 2  ①         2 7 4 8 3 6 2 4     4 4 3 2 8 4
  1 2 4  ②           2 4 8
  1 8 6  ③           2 6 8
  2 4 8  ④           2 4 8
  3 1 0  ⑤           2 0 3
  3 7 2  ⑥           1 8 6
  4 3 4  ⑦           1 7 6
  4 9 6  ⑧           1 2 4
  5 5 8  ⑨           5 2 2
  6 2 0  ⑩           4 9 6
                     2 6 4
                     2 4 8
                      1 6    나머지
```

답은 443,284이고 나머지는 16이다. 실전에서는 제수를 반복해서 적으면서 더해서 제수 표를 만들 필요 없이 세로셈 맨 위에 적힌 제수를 보면서 계속 더한 값만 적어주면 편하다. 그렇게 하면 다음과 같이 간략히 적을 수 있다.

```
                          364,095÷465
    4 6 5   ①             3 6 4 0 9 5              7 8 3
    9 3 0   ②             3 2 5 5
  1 3 9 5   ③             3 8 5 9
  1 8 6 0   ④             3 7 2 0
  2 3 2 5   ⑤               1 3 9 5
  2 7 9 0   ⑥               1 3 9 5
  3 2 5 5   ⑦
  3 7 2 0   ⑧
  4 1 8 5   ⑨
  4 6 5 0   ⑩   검산
```

다음 연습문제를 풀어보자.

1. 73,458÷53
2. 90,839÷133
3. 23,525,418÷3,066
4. 21,101,456,770÷326

답 : 1. **1,386**   2. **683**   3. **7,673**   4. **64,728,395**

실수로 제수 세로셈에서 잘못된 숫자를 고를 수 있다. 이 계산에서 힘든 일은 뺄셈을 할 수 있는 제일 큰 수를 찾는 것뿐이므로 이런 실수는 아주 드물다. 제수 세로셈에서 사용할 수 있는 가장 큰 숫자는 뺄 수 있는 수 중 마지막 숫자이고 다음 숫자들은 너무 커서 뺄 수 없다. 하지만 누군가 여기서 실수를 했더라도 오류가 있다는 사실을 즉시 눈치챌 수 있다.

1. 너무 큰 숫자를 골랐다면 뺄셈 자체를 할 수 없다.
2. 너무 작은 숫자를 골랐다면, 답의 다음 자리 숫자는 10이 넘는다. 매 단계에서 답은 한 자릿수만 늘어난다.

뺄셈을 검산할 때는 답 자체를 검산하면서 한 번에 다 확인하는 편이 쉽고 적절하다. 다음과 같은 방법을 사용해보자.

1. 피제수에서 나머지를 빼고 자릿수의 합을 계산한다. 앞에서 다뤘던 예제에서 나머지가 16이었으므로 다음과 같이 자릿수의 합을 구한다.

피제수   27483624
나머지   −   16
          27483608 = 2   자릿수의 합

2. 답의 자릿수 합과 제수의 자릿수 합을 곱한다.

답   443284 =   7   자릿수의 합
제수   62 = ×8   자릿수의 합
                56 = 2   자릿수의 합

3. 1과 2의 결과가 일치하면 계산은 올바르다. 둘 다 결과가 2이므로 계산은 옳다.

빠른 방법으로 나눗셈 하기

우리는 곱셈을 할 때 UT 곱셈법을 썼다. 이제 그 방법을 약간 변형하여 나눗셈에 적용할 것이다. 일단 기억을 떠올리기 위해 앞에서 했던 UT 곱셈법을 복습해보자. 두 자리 수인 43에 6을 곱하는 문제이다. 특별한 방법으로 곱하면 한 자리 수를 얻을 수 있다.

$$\begin{array}{r} \overset{U}{4}\quad \overset{T}{3} \times 6 \\ \text{작업}: \quad 2\underline{4} + \underline{1}8 \\ \text{결과}: \quad 5 \end{array}$$

24는 4 곱하기 6이고 18은 3 곱하기 6이다. 43의 4 위에 U가 있기 때문에 24의 일의 자리인 4만 사용한다. 43의 3 위에 T가 있기 때문에 18의 십의 자리인 1만 쓴다. 그리고 4와 1을 더해(24+18) 5를 얻는다. 밑줄 친 숫자가 앞에서 언급했던 일의 자리와 십의 자리이다. 참고로 U는 일의 자리 units의 약자이고 T는 십의 자리 tens의 약자이다.

여기에 약간 변형을 더한다. UT 대신에 NT를 쓸 것이다. N은 숫자 number를 의미한다. 일의 자리뿐 아니라 그 수 전체를 뜻하는 표시이다.

$$\begin{array}{r} \overset{N}{4}\quad \overset{T}{3} \times 6 \\ \text{작업}: \quad \underline{24} + \underline{1}8 \\ \text{결과}: \quad 25 \end{array}$$

NT의 결과는 25이다. 앞에서와 같이 24는 4 곱하기 6에서 왔고 18은 3 곱하기 6에서 왔다. 하지만 이제 24의 4만 쓰는 게 아니고 수 전체를 다 사용한다. 18에서는 T 표시가 나타내는 것처럼 십의 자리만 사용한다.

그러면 78 곱하기 3의 NT 결과는 무엇일까? 23이다. 다음을 보자.

$$\begin{array}{r} \overset{N}{7}\quad \overset{T}{8} \times 3 \\ \text{작업}: \quad \underline{21} + \underline{2}4 \qquad \text{밑줄 친 수만 사용한다!} \\ \text{결과}: \quad 23 \end{array}$$

나눗셈 과정

두 자리 제수

우선 예제 하나를 풀어보면서 이 방법을 어떻게 활용하는지 전체적인 과정을 살펴보자. 전체적으로 알기 위한 것이므로 지금 세부적으로 기억할 필요는 없다. 이 계산법이 어떤 식으로 흘러가는지 감을 잡는 것으로 족하다. 항상 해오던 나눗셈과 다르기 때문에 전반적인 조감도를 그려보는 편이 좋다. 자세한 설명은 몇 단락 뒤에 나온다.

8,384를 32로 나눠보자. 새로운 방법을 사용하면 중간 계산 없이 답에 도달할 수 있지만 아직은 좀 더 중간 과정을 확인하면서 풀어보자. 위의 문제를 끝까지 풀면 다음과 같이 나타낼 수 있다.

```
                   피제수              제수      답
            8  3   8   4  ÷  3 2  =  2 6 2
작업 숫자 :    23  08  04
부분 피제수 :  8 1 9   6   0
```

첫 번째 단계에서 피제수의 첫 번째 즉 맨 왼쪽 숫자가 부분 피제수의 첫 번째 숫자가 된다. 각각의 부분 피제수를 계산하면 답이 한 자리씩 나온다.

```
              8 3 8 4  ÷  3 2  =
                ↓
부분 피제수 :  8
```

두 번째 단계는 부분 피제수를 제수의 첫 번째 숫자, 즉 32의 3으로 나누는 일이다. 그 결과가 답의 첫째 자리 숫자가 된다. 부분 피제수가 항상 나누어떨어지는 것은 아니지만 나머지는 무시하기 때문에 상관없다. 따라서 8 나누기 3은 2(나머지는 무시)이고 답의 첫째 자리 숫자는 2가 된다.

이제 답의 첫째 자리 숫자를 특별한 방식으로 제수와 곱한다. 여기에는 숫자 두 개가 중요한데, 두 숫자를 NT 숫자와 U 숫자라고 부르자 (NT 숫자를 구하는 방법은 125페이지에 나와 있다). 위 예제에서 두 번째 단계의 NT 숫자는 다음과 같다.

$$\overset{N\,T}{3\,2} \times 2 = 6$$

작업 : 06 04
결과 : 06

U는 UT 쌍의 불완전한 형태이다. 제수가 두 자리일 때에는 UT의 T는 쓰지 않는다.

$$3 \overset{U}{2} \times 2 = 4$$

작업 : 04

이제 NT와 U 숫자는 잠깐 놔두고 작업 부분에 들어가는 숫자들과 부분 피제수를 구하는 과정을 살펴보자.

```
              8  3  8  4  ÷ 32 = 262
작업 숫자 :      23 08 04
                ↓  ↓  ↓
부분 피제수 :   8 19  6  0
```

작업 숫자들이 모두 두 자릿수임을 눈치챘을 것이다. 한 자릿수는 앞에는 0을 붙여 두 자리로 만든다. 숫자 하나는 부분 피제수에서 얻고 나머지 하나는 위의 피제수에서 얻는다.

23의 십의 자리 숫자 2는 부분 피제수 8에서 앞서 구한 NT 숫자 06을 뺀 결과이다.

```
                8  3  8  4
작업 숫자 :        2
                ↗
               -06
                ↗
부분 피제수 :    8
```
부분 피제수 8에서 NT 06을 빼서
작업 숫자의 십의 자리 2를 구한다

일의 자리 숫자인 23의 3은 피제수의 다음 숫자를 내려 적기만 하면 된다.

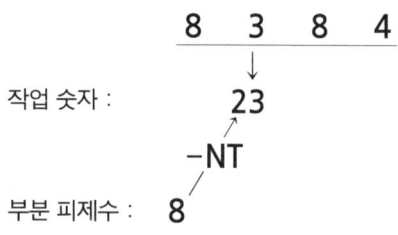

```
                8  3  8  4
                   ↓
작업 숫자 :       23
                ↗
               -NT
부분 피제수 :    8
```

앞에서 언급한 것처럼 작업 숫자는 아래에 적을 부분 피제수를 얻는 데만 필요하다. 작업 숫자를 구하면 곧바로 앞서 구했던 U 숫자를 뺀다.

```
                8  3  8  4
작업 숫자 :       23 ↓
               -U 04 ↓
부분 피제수 :       19
```
작업 숫자 23에서 U 숫자 04를 빼서
부분 피제수 19를 구한다

이 새로운 부분 피제수는 답의 그 다음 자리 숫자와, 다음 작업 숫자의 십의 자리를 얻을 때 쓰인다. 이 계산 방법은 흐름에 대해 감을 잡는 게 중요하다. 그것이 트라첸버그 계산법의 핵심이기 때문이다. 우리는 부분 피제수에서 시작해서 작업 숫자를 구했고 또 거기에서 부분 피제수를 구했으며 다시 그 값에서 작업 숫자를 구했다. 도표로 표현하면 다음과 같다. 이것이 이 계산법의 핵심이다. 나머지는 모두 지금까지 했던 것을 반복할 뿐이다.

작업 숫자: 8 3 8 4 ÷ 3 2 = 2 6 2

바로 전에 구했던 부분 피제수 19를 제수의 첫 번째 숫자인 3으로 나눈다. 19 나누기 3은 6이고, 나머지는 무시한다. 즉 6이 답의 다음 자리 숫자가 된다.

작업 숫자:　　　　23
부분 피제수:　　8 19

$$8\ 3\ 8\ 4 \div 3\overset{NT}{\underset{}{2}} = 26$$

19 나누기 32은 6이다

이제 6을 두 가지 방식, 즉 NT와 U 방식으로 32와 곱한다. 그리고 결과값을 가지고 두 번 뺄셈한다.

8 3 8 4 ÷ 3 2 = 2 6

−NT
    19   0   NT가 19이므로 0이 된다

N T
3 2 × 6
18 12
19

피제수의 다음 숫자를 내려 적는다.

$$
\begin{array}{r}
8\ 3\ 8\ 4 \div 3\ 2 = 2\ 6 \\
\underline{}\,08 \\
8\ \ 19
\end{array}
$$

그리고 U식 곱셈의 결과를 빼준다.

$$
8\ 3\ 8\ 4 \div 3\ 2 = 2\ 6
$$

-NT ↗ 08 ↓ -U
8 19 6

U
3 2 × 6
1<u>2</u>
U = 2

방금 구한 부분 피제수 6을 32의 3으로 나누면 답의 마지막 자리에 들어갈 숫자를 구할 수 있다.

$$
8\ 3\ 8\ 4 \div \underline{3}2 = 2\ 6\ \underline{2}
$$

23 08
8 19 6

이제 답의 마지막 자리 숫자를 구했다. 하지만 나머지가 있다면 나머지를 구해야 한다. NT식 계산을 답의 2와 제수인 32에 적용한다.

N T
3 2 × 2
작업 : 06 04
결과 :   6

NT 결과는 6이다

6을 부분 피제수에서 빼면 다음과 같다.

선생님도 몰래 보는 스피드 계산법
빠르고 정확한 나눗셈

$$8\ 3\ 8\ 4 \div 32 = 262$$

```
      04
   -NT↗
      6
```

6 빼기 NT 6은 0이다

피제수의 그다음 숫자를 내려 적고 U식 곱셈의 결과를 뺀다.

$$8\ 3\ 8\ 4 \div 32 = 262$$

```
      04
      ↓
     -U        U
      ↓      32 곱하기 2는 04
      0   (04 - U04 = 0)
```

0은 나머지가 없음을 나타낸다. 나눗셈 계산은 모두 끝났다.
실제로 계산할 때는 당연히 화살표를 그리지 않아도 된다. 처음에는 계산 과정에서 숫자를 적어가며 하겠지만 곧 모든 계산을 암산으로 할 수 있게 될 것이다. 그러나 익숙해지기 전까지는 위에서 했던 것처럼 작업 숫자를 적어주는 편이 좋다.

자세한 계산 방법

첫째, '마음 내키는 대로 하라.'는 말도 있지만, 그대로 했다가는 가끔 큰 낭패를 볼 때도 있다. 하지만 지금부터 할 계산에서는 정말 마음 가는 대로 자연스럽게 하는 것이 좋다. 맨 처음 가진 직감이 옳다는 사실만 기억하자.
제수의 첫 번째 숫자를 피제수의 첫 번째 숫자로 나누면 결과는 답의 첫 번째 숫자가 된다. 다음 예제를 보자.

$$\underline{8}61 \div \underline{2}1 = \underline{4} \qquad 4 = 8 \div 2$$

다음 문제는 어떻게 하면 될까?

$$1612 \div 31 = ?$$

1은 3으로 나눌 수 없다. 이때는 긴 수의 처음 두 숫자, 16을 사용한다.

$$1\underline{6}12 \div \underline{3}1 = 5 \quad \text{나머지는 무시한다}$$

다음 예제도 같은 방식이다.

$$33\underline{8}4 \div \underline{6}4 = 5 \quad 5 = 33 \div 6$$

둘째, 답의 다음 자리 숫자를 구하려면 제수의 첫 번째 숫자를 이용한다. 하지만 긴 원래 수가 아니라 부분 피제수를 나눈다.

셋째, 답의 자릿수 하나를 구하면 곧바로 제수와 NT(number-tens)식으로 곱한다.

$$2\;2\;9\;4 \div \underline{6}\,\underline{2} = \underline{3}$$

$$\downarrow$$
$$22$$

$$\overset{N\;\;\;T}{6\;\;2} \times 3$$
$$\underline{18\;\;06}$$
$$18 \quad = \text{NT 계산 결과}$$

62와 3을 NT식으로 곱하는 과정은 암산으로 해야만 한다. 바로 전에 구한 22에서 NT 계산 결과인 18을 뺀다.

$$2\;2\;9\;4 \div 6\,2 = 3$$

$$\underset{22}{\overset{-NT\;\;\nearrow^{4}}{}}$$

22 - NT 18 = 4

이 단계에서 긴 수, 즉 피제수의 나머지 자릿수가 모습을 드러낸다. 아래와 같이 피제수의 다음 자릿수를 내려 적는다.

$$2\;2\;9\;4 \div 6\,2 = 3$$

$$\underset{22}{\overset{\downarrow\;\;\nearrow^{49}}{}}$$

넷째, 또 다른 뺄셈을 하기 위해 방금 구한 답의 새로운 자리 숫자 3과 제수의 일의 자리를 곱한다. 그 결과에서 일의 자리를 뺄셈에 쓴다.

$$\underline{2\;2\;9\;4} \div 6\underline{2} = \underline{3}$$

$$\begin{array}{c}49\\ \downarrow\;-6\\ 22\;\;43\end{array}$$

2 × 3의 일의 자리가 6이므로 6을 뺀다

예제를 계속 풀어보자. 방금 했던 것을 반복하기만 하면 된다.

$$\underline{2\;2\;9\;4} \div 6\,2 = 3\underline{7}$$

$$\begin{array}{c}\downarrow\\ 43\end{array}$$

7 = 43 ÷ 6

그리고 62와 새로 구한 7을 NT식으로 계산한다.

$$2\ 2\ 9\ 4 \div 62 = 37$$

$$\underset{43}{\downarrow}\ \overset{0}{\nearrow}$$

NT 결과는 43이고, 43 - 43은 0이다.

피제수의 다음 자릿수를 내려 적는다.

$$2\ 2\ 9\ 4 \div 62 = 37$$

$$\underset{43}{\downarrow}\ \overset{04}{\nearrow}$$

마지막으로 62의 일의 자리와 답의 마지막 숫자 7을 곱한 결과값의 일의 자리가 필요하다.

$$2\ 2\ 9\ 4 \div 6\underline{2} = 3\underline{7}$$

$$\begin{array}{c} 04 \\ \downarrow -4 \\ 0 \end{array}$$

$2 \times 7 = 1\underline{4}$

더 이상 계산할 숫자가 없으므로 계산은 모두 끝났다. 계산 후에 맨 밑에 나오는 숫자는 나머지를 의미하므로, 마지막 0은 나머지이다.

다섯째, 나머지가 0이 되는 상황을 나눗셈이 '나누어떨어졌다'고 말한다. 그러나 나눗셈이 늘 나누어떨어지는 것은 아니다. 피제수가 위에서처럼 2,294가 아닌 2,296이고 제수는 똑같이 62라고 해보자. 피제수가 2만큼 커진 점을 제외하고는 똑같다. 커진 2가 바로 나머지가 되는 것이다.

직접 계산해서 확인해보자. 다음은 마지막 단계를 풀이한 것으로, 이전 단계까지는 모두 똑같다.

```
    2  2  9  6  ÷  6 2  =  3 7
              ↓ ↗06
             43
```

이제 62의 2와 7을 곱한 수의 일의 자리를 구해 06에서 빼야 한다.

```
                           U
    2  2  9  6  ÷  6 2  =  3 7
              06
             ↓ -4
              2
```

이렇게 하면 마지막에 2가 남는다. 더 계산할 숫자가 없으므로 계산은 여기서 끝나며 2는 나머지가 된다. 아까 나누어떨어진 문제 2,294에 더한 2는 마지막에 나머지가 되었다.

여섯째, 가끔 이런 상황도 발생한다. NT식으로 계산한 결과를 계산 과정에서 빼려고 할 때, 수가 너무 커서 뺄셈이 불가능할 때가 있다. 예를 들어보자.

```
    1  9  0  4  ÷  3 4  =  6        6 = 19 ÷ 3
       ↓
      19
```

34와 6을 NT식으로 곱한다.

```
         N  T
         3  4
       18+24
         20
```

$$1\ 9\ 0\ 4 \div 3\ 4 = 6$$

$$\overset{?}{\underset{19}{-20}}$$

하지만 20은 19보다 크기 때문에 뺄 수가 없다. 이럴 때는 답의 자리에 있는 수에서 1을 뺀다. 즉 6에서 1을 빼서 답의 첫 째 자리 숫자를 5로 수정한다.

$$1\ 9\ 0\ 4 \div \overset{N\ T}{3\ 4} = \underline{5}$$

$$\begin{array}{c} \downarrow \\ 20 \\ \nearrow \\ -17 \\ 19 \end{array}$$

34와 5를 NT 계산해서 뺀다

여기서부터는 아까 배웠던 방법대로 하면 된다. 4 곱하기 5의 일의 자리(0)를 빼고 답의 다음 자리에 들어갈 숫자를 구한다.

$$1\ 9\ 0\ 4 \div 3\ 4 = 5\ 6$$

$$\begin{array}{c} 20 \\ -0 \\ 20 \end{array}$$

$6 = 20 \div 3$

34와 새로 구한 6의 NT식 계산의 결과는 20이다.

$$1\ 9\ 0\ 4 \div \overset{N\ T}{3\ 4} = 5\ 6$$

$$\begin{array}{c} \downarrow \\ 04 \\ \nearrow \\ 20 \end{array}$$

마지막으로 4 곱하기 6의 일의 자리인 4를 뺀다.

$$1\ 9\ 0\ 4 \div 3\ 4 = 5\ 6$$
$$04$$
$$\downarrow -4$$
$$0$$

이번에도 나머지 없이 0으로 끝났다. 답은 56이며 나누어떨어진다.

이제까지 피제수를 '긴 수'라고 불렀지만 예제에 등장한 피제수들은 그다지 긴 수가 아니었다. 고작 1,904 같은 네 자리 수를 살펴봤을 뿐이다. 수가 더 커지면 이 계산법을 사용하더라도 계산하기 힘들 것이라고 생각할 수도 있지만 그렇지 않다. 피제수가 아무리 큰 수더라도 똑같은 방법을 적용할 수 있다. 479,535 나누기 63을 보자. 아래와 같이 계산을 전개한다.

$$4\ 7\ 9\ 5\ 3\ 5 \div 6\ 3 \overset{N\ T}{\underset{U}{=}} 7\ 6\ 1\ 1$$
$$39\ \ 15\ \ 13\ \ 45$$
$$-NT\ \ -U\ \ -NT\ \ -U$$
$$47\ \ 38\ \ 7\ \ 10\ \ 42$$

나머지는 42이다.

실제로 계산할 때는 화살표를 써넣지 않아도 된다. 화살표가 없어도 머릿속에서 해결될 만큼 쉽기 때문이다. 더 나아가 계산 과정을 잘 이해하고 있으면 중간 줄에 적은 계산 과정도 생략할 수 있다. 즉 실제로는 아래와 같이 계산이 이뤄질 것이다.

$$4\ 7\ \overset{9}{\underset{38}{=}}\ \overset{5}{\underset{7}{=}}\ \overset{3}{\underset{10}{=}}\ \overset{5}{\underset{42}{=}}\ \div\ 6\overset{NT}{\underset{U}{3}}\ =\ 7\ 6\ 1\ 1$$

익숙해지면 결과적으로는 계산 과정을 모두 적지 않아도 계산할 수 있다. 계산에 집중하면 위의 예에 있는 작업 숫자마저 적지 않고 바로 답만 적을 수도 있다. 계산식 위의 NT, U 같은 기호들은 기억을 도와주기 위한 표시일 뿐이므로 필요 없다고 생각되면 쓰지 않아도 된다.

다음은 문제를 줄일 수 있는 방법이다. 앞에서 언급했던 작은 부분 피제수에서 큰 NT 수를 빼야 할 때의 문제를 해결하려면 다음을 참고하면 된다.

> **제수의 두 번째 숫자가 8이나 9일 때는, 제수의 첫 번째 숫자로 그대로 나누지 말고 제수의 첫 번째 숫자에 1을 더해서 나눈다.**

예를 들어 제수가 39일 때는 3 대신 4로 나눈다. 39의 9 때문이다. 상식적으로 생각하면 왜 그래야 하는지 알 수 있다. 39는 30보다 40에 가깝기 때문이다. 제수가 3인 경우에도 3 대신 4로 나눈다. 예컨대,

$$\underset{\underline{20}}{2\ 0}\ 2\ 8\ \div\ 3\ 9\ =\ ?$$

앞에서 했던 첫 번째 단계대로라면, 20을 3으로 나누면 6이기 때문에 6이 답의 첫 번째 숫자가 된다. 하지만 그렇게 하면 NT 숫자가 너무 커서 뺄 수 없기 때문에 6을 5로 수정해야 한다(정확히는 NT 숫자는 39×6=18+54로 23이다). 하지만 이제는 이런 과정을 줄이기 위해 20을 3으로 나누는 대신 4로 나눈다. 그러면 나중에 다시 수정할 필요 없이 답의 첫 번째 숫자인 5를 곧바로 적을 수 있다.

$$2\ 0\ 2\ 8 \div 3\ 9 = 5$$
$$\underline{20} \qquad {\scriptstyle (4)}$$

$5 = 20 \div 4$

문제를 줄여주는 방식을 사용하지 않더라도 정답을 이끌어낼 수 있다는 점을 알아둬야 한다. 제수의 두 번째 숫자가 6, 7, 8, 9일 때 제수의 첫 번째 숫자를 하나 더 큰 수로 바꿀 수 있다. 제수가 36이라면 답을 얻기 위해 피제수의 숫자를 4로 해서 나눌 수 있다.

그런데 이 방식을 6, 7일 때도 사용하게 되면 답이 너무 작아질 수도 있다. 답이 너무 클 때 숫자를 작게 고쳤던 것처럼 이때도 수정이 필요하다. 제수의 두 번째 숫자가 8이나 9일 때도 이런 식의 수정이 필요할 수도 있지만 이런 경우는 드물다.

어떻게 답의 다음 숫자가 너무 작다는 것을 알아챌 수 있을까? NT 숫자도 뺄셈할 만큼 작기 때문에 힌트가 되지 못한다. U 숫자도 마찬가지다. 이때는 부분 피제수가 도움이 된다.

> 부분 피제수가 제수보다 크거나 같으면
> 직전에 적은 답의 자리 숫자가 너무 작아진다.

어떤 사람이 다음과 같이 실수를 했다고 가정해보자.

$$5\ 7\ 6\ 3 \div 8\ 1 = 6$$
$$57$$

$57 \div 8$은 6이 아니라 7이기 때문에 계산한 사람은 아주 초보적인 실수를 저질렀다. 이런 실수를 부분 피제수를 이용해서 어떻게 눈치챌 수 있는지 살펴보자.

$$5763 \div 81 = 6$$
$$96$$
$$-6$$
$$57\ 90$$

NT = 48, U = 06

여기서 부분 피제수 90은 제수보다 크기 때문에 확실히 뭔가 잘못되었음을 알 수 있다. 따라서 6을 7로 바꾸어야 한다.

설령 90이 81보다 크다는 점을 알아채지 못했다고 해도, 다음 단계에서 오류가 생겼음을 깨달을 수밖에 없게 된다. 90을 8로 나누면 11이고 그러면 답의 그 다음 자리에 들어갈 숫자는 11이 되어버린다. 그러나 11은 두 자리 수이기 때문에 불가능하다. 그러면 6이 너무 작다는 것을 깨닫고 7로 수정할 수 있다.

제수가 세 자리 수일 때

236,831을 674로 나눈다고 생각해보자. 이 계산은 앞에서 했던 것과 매우 비슷한데, 674 대신 67로 나누는 상황과 유사하다. 하지만 제수의 세 번째 자리 숫자에서 뭔가 다른 방법을 사용할 것이다.

앞에서 했던 풀이에서는 위로 비스듬하게 올라가는 화살표가 'NT 숫자를 빼라.'라는 뜻이었다. 수직으로 내려가는 화살표는 'U 숫자를 빼라.'라는 뜻이다. 이번에는 수직 화살표를 조금 다른 의미로 사용한다. 674의 4와 같이 새로 늘어난 자릿수에 새로운 의미가 추가된다.

다음 두 가지 풀이를 비교해보자.

두 자리 제수

$$2\ 3\ 6\ 8\ 3\ 1 \div 6\overset{N\,T}{\underset{U}{7}} = ?$$

세 자리 제수

$$2\ 3\ 6\ 8\ 3\ 1 \div 6\overset{N\,T}{\underset{U}{7}}\overset{T}{\underset{T}{4}} = ?$$

어떤 점이 달라졌는지 살펴보자. 첫 눈에 봐도 차이를 알 수 있다. 67과 답의 자리 숫자 3으로 NT 숫자를 구해서, 화살표 위 방향으로 뺀다.

$$2\ 3\ 6\ 8\ 3\ 1 \div 6\overset{\overset{N\ T}{U\ T}}{7}4 = 3$$

$$\begin{array}{c} 36 \\ \uparrow \\ -20 \\ \hline 23 \end{array}$$

NT = 67 × 3 = 18 + 21 = 20

여기까지는 674의 4라고 해도 이전과 똑같은 계산이다. 하지만 U 숫자를 뺄셈할 차례에서 U 숫자가 UT 숫자로 대체된다.

$$\overset{\overset{N\ T}{U\ T}}{6\ 7}4 \times 3$$

작업: 21 12
결과: 2

UT = 74 × 3 = 21 + 12 = 2

이제 바로 전에 구한 36을 내려 쓰고 UT인 2를 뺀다.

$$2\ 3\ 6\ 8\ 3\ 1 \div 6\ 7\ 4 = 3$$

$$\begin{array}{c} 36 \\ | \\ -2 \\ \downarrow \\ 34 \end{array}$$

이렇게 구한 34는 부분 피제수에 속한다. 따라서 이전에 했던 것처럼 674의 6으로 나눈다. 그 결과 답의 다음 자리 수인 5를 구할 수 있다.

2 3 6 8 3 1 ÷ 6 7 4 = 3 5
↓
34

이런 식으로 계속한다. 5와 67로 NT 숫자를 구할 수 있으며 그것을 부분 피제수에서 뺀다. 그리고 나서 5와 74로 UT 숫자를 구한 뒤 윗줄의 숫자에서 빼서 새로운 부분 피제수를 얻는다.

하지만 이 과정이 이전 계산을 똑같이 반복하는 것은 아니다. 답의 다음 자리에 들어갈 숫자를 구하는 것은 첫 번째 자리 숫자를 구할 때와 똑같지는 않다. 이미 구한 답의 숫자 두 개를 모두 이용할 것이기 때문이다.

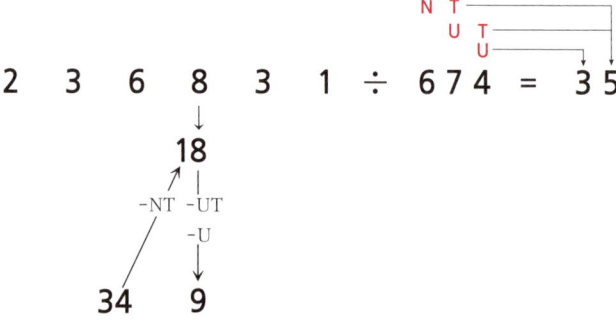

NT 숫자를 구하는 과정은 이전과 같다. 67에 5를 곱해서 30과 35를 구하고 둘을 더해 33을 얻는다. 33을 34에서 빼면 1이 남는다. 그리고 8을 내려 적어서 작업 줄에 18을 적는다. 여기서 18은 이전과 달리, UT와 U라는 두 부분의 합이다. 앞의 풀이는 UT와 U를 어떻게 구했는지 보여준다.

```
       U  T                              U
  6  7  4  × 3 5            6  7  4  × 3 5
     35 20                           12
```

결과 : UT 숫자 7   더하기   U 숫자 2는 9

이렇게 구한 9를 18에서 빼서 부분 피제수 9를 얻는다. 9를 674의 6으로 나누면 1이다. 1이 답의 그다음 자리에 들어갈 숫자가 된다.

$$2\ 3\ 6\ 8\ 3\ 1 \div 6\ 7\ 4 = 3\ 5\ 1$$
$$3 6\ 1 8$$
$$23\ 34\ 9$$

더 이상 계산할 것이 없으므로 몫은 351이 된다.

236,831보다 더 긴 수가 피제수가 될 수도 있는데, 그럴 때는 위의 과정을 더 반복하면 된다. 이 모든 나눗셈을 다 포괄하는 일반적인 법칙은 다음과 같다.

> 제수가 세 자리 수(x의 개수로 표시)면, UT 또는 세로 방향의 뺄셈은 다음과 같이 계산된다. 답 부분에 표시된 xx는 답의 마지막 자리 수 두 개를 나타낸다.
>
> $$피제수 \div xxx = - - - xx$$

예제에서 우리는 몫 351을 답으로 구했다. 하지만 나머지도 찾아야 한다. 어떻게 하면 답을 끝까지 구했는지 확인할 수 있을까?

> 피제수의 오른쪽 끝에서부터 제수의 자릿수보다
> 하나 더 작은 자릿수 앞에 빗금을 표시한다.

제수가 674로 세 자리인 위의 예제에서 자릿수를 하나 빼면 두 자리이다.

$$2\ 3\ 6\ 8\ /\ 3\ 1$$

이렇게 표시하면 답을 끝까지 구했는지 알 수 있다. 빗금 왼쪽의 숫자는 답 혹은 몫을 구하는 데 사용한다. 표시 오른쪽 숫자는 나머지를 구하는 데 쓴다. 이제 예제의 나머지를 구해보자.

$$
\begin{array}{c}
\quad\quad\quad\quad\quad\quad\quad\quad\quad\text{N T}\\
\quad\quad\quad\quad\quad\quad\quad\quad\quad\text{U T}\\
\quad\quad\quad\quad\quad\quad\quad\quad\quad\text{U}\\
2\ \ 3\ \ 6\ \ 8\ /\ 3\ \ 1 \div 6\ 7\ 4 = 3\ 5\ 1\\
\quad\quad 18\quad 33\ \ 261\\
\quad\quad\ \ 9\quad 26\ \ 257
\end{array}
$$

나머지는 257이다

계산 과정에서 33이라는 수는 이전과 같은 방식으로 구했다. 67과 1을 NT 계산해서 06 더하기 07로 6을 얻는다. 6을 9에서 빼서 3을 얻고 피제수의 3을 내려 적는다. 33에서 UT 숫자와 U 숫자의 합을 뺀다. UT 숫자는 74 곱하기 1로 07 더하기 04의 결과 7이 되며, U 숫자는 4 곱하기 5로 20이므로 0이다. 33에서 7을 빼면 26이다.

이제 26에서 NT 숫자를 빼지 않고 그대로 올려 적는다. 피제수의 1을 붙여 적으면 261이 된다. 마지막 단계에서는 제수의 맨 오른쪽 숫자(674의 4)와 답의 맨 오른쪽 숫자(351의 1)의 곱을 뺀다.

$$
\begin{array}{r}
261\\
-4\\
\hline
257
\end{array}
$$

따라서 나머지는 257이다. 정리해보면 다음과 같다.

빗금 표시는 피제수를 두 부분으로 나눈다. 왼쪽의 몫 부분과 오른쪽의 나머지 부분이다. 빗금은 둘의 경계이다. 위로 비스듬히 올라가는 NT 화살표(뺄셈을 지시하는)가 경계 사이에 있고, 화살표는 답의 마지막 자리 숫자를 구하는 데 쓰인다. 여기까지만 하더라도 몫을 구하는 부분에서 '원칙적인' 계산을 하고 있다. 사실 나머지 부분도 원칙적으로 이뤄지기는 한다. 그다음 아래로 UT + U 를 빼는 계산도 몫 부분과 같은 원리이기 때문이다. 나머지를 구하는 계산이 몫 부분의 계산과 달라지는 점은 다음 두 가지이다.

1. 더 이상 NT 뺄셈을 하지 않고 부분 피제수를 전부 화살표 위로 올린다.
2. 마지막 아래로 내려가는 뺄셈은 답의 맨 오른쪽 자리 숫자(마지막 숫자 두 개가 아니라) 제수의 맨 오른쪽 숫자를 이용한다.

나머지를 구하는 계산법은 매우 유용한데, 제수가 아무리 길어지더라도 쉽게 변형해서 적용할 수 있기 때문이다. 이 점은 다시 다루게 될 것이다.

예제 196,307 나누기 512을 풀어보자. 512는 세 자리 수이므로 피제수의 오른쪽에서부터 두 자리 옆에 빗금 표시하고 나눗셈을 시작한다.

$$1\ 9\ 6\ 3\ /\ 0\ 7 \div 5\ 1\ 2 = 3\ 8\ 3$$
$$4 6\ 3 3$$
$$1 9\ 4 3\ 1 8$$

이제 빗금 표시 옆을 계산한다. 앞에서 했던 것처럼 NT 뺄셈을 한 후 아래 방향으로 뺄셈한다.

$$1\ 9\ 6\ 3\ /\ 0\ 7 \div 5\ 1\ 2 = 3\ 8\ 3$$
$$4 6\ 3 3\ 3 0$$
$$1 9\ 4 3\ 1 8\ 2 1$$

NT = 51 × 3 = 15
UT = 12 × 3 = 3
U = 2 × 8 = 6

이제 나머지를 구할 차례이다. 위쪽 방향 화살표를 따라 뺄 것이 없기 때문에 부분 피제수 전체를 올려 적어 새로운 작업 숫자를 만든다. 그리고 383의 맨 오른쪽 숫자 3과 제수의 맨 오른쪽 숫자 2를 곱해 아래 방향 화살표를 따라 빼준다. 원칙적으로 계산했다면 3이 아니라 83을 이용했을 것이다.

$$
\begin{array}{c}
1\ \ 9\ \ 6\ \ \underline{3}\ \ /\ \ 0\ \ \ 7\ \div\ 5\ 1\ \underline{2}\ =\ 3\ 8\ \underline{3}\\
46\ \ 33\ \ \ \ \ 30\ \ 217\\
19\ \ 43\ \ 18\ \ \ \ 21\ \ 211 \quad \text{나머지}
\end{array}
$$

빗금 표시 오른쪽에는 부분 피제수가 없으며 모두 작업 숫자들이라는 점에 유의하자. 제수의 첫째 자리의 숫자로 나눌 수가 없기 때문에 다음 번 답의 자리에 들어갈 숫자가 생기지 않는다. 이미 답은 구했고 지금은 나머지를 구하는 단계이다.

더 긴 수의 나눗셈 예제도 살펴보자. 실제 계산하는 대로 표기하면 아래와 같이 된다.

$$
\begin{array}{c}
\text{N T}\\
\text{U T}\\
\text{U}\\
6\ \ 3\ \ \ 1\ \ \ 2\ \ \ 3\ \ \ 2\,/\,5\ \ \ 7\div 9\,8\,3 = 6\,4\,2\,1\,4\\
51\ \ 32\ \ 23\ \ 62\ 95\ 897\\
63\ \ 42\ \ 21\ \ 15\ \ 48\ 89\ 895
\end{array}
$$

몫은 64,214이고 나머지는 895이다. 983은 둘째 자리 숫자가 8이라서 1,000에 아주 가깝기 때문에 부분 피제수를 9가 아니라 10으로 나눴음에 주목한다. 이렇게 하면 나중에 답을 수정하는 수고를 덜 수 있다.

또 다른 예제 39,863,907 나누기 729를 풀어보자. 729의 둘째 자리 숫자가 8이나 9가 아니라 2이기 때문에 7 대신 8을 쓸 필요는 없다. 대신 예제에서는

UT에 U를 더한 숫자가 뺄셈하기에는 너무 크기 때문에 답에 들어갈 숫자를 줄여야 한다. 아래에 표시된 것처럼 7을 6으로 수정한다.

$$
\begin{array}{c}
\overset{N\,T}{\underset{\underset{U}{T}}{U}}\\
3\ 9\ \ 8\ \ 6\ \ 3\ \ 9/0\ \ 7 \div 729 = 54\,\cancel{7}\,683\\
38\ 66\ 73\ 39\ 10\ 07\\
39\ 34\ 50\ 60\ 22\ \ 0\ \ 0
\end{array}
$$

몫은 54,683이고 나머지는 0이다. 즉 나누어떨어진다.

연습문제

다음 연습문제는 스스로 풀어보자. 힌트는 필요한 경우에만 참고한다.

1. **92880 ÷ 432 =**
2. **31392 ÷ 654 =**
3. **54763 ÷ 489 =**

힌트 : 마지막 문제의 제수인 489는 둘째 자리 숫자가 8이기 때문에 부분 피제수를 4가 아닌 5로 나누는 편이 좋다. 하지만 4로 계산하더라도 나중에 수정할 수 있다. 나중에 답을 고쳐도 상관없다면 그냥 4로 계산해도 된다. 다음의 문제풀이 순서를 기억해두자. (1) 부분 피제수를 각각 나눗셈해서 결과를 답에 적는다. (2) NT 숫자를 구해서 뺀다. (3) 방금 구한 UT 숫자와 U 숫자의 합을 작업 숫자에서 뺀다.

답 :
1.   9 2 8 8 0 ÷ 432 = 215
        12 28 08 00
     9   6 21 0 0

나머지 없음

2.　　3　1　3　9　2 ÷ 654 = 48
　　　　　　53 09 02
　　　　　31 52　0　0　　　　　　　　　나머지 없음

3.　　5　4　7　6　3 ÷ 489 = 111
　　　　　14 27 66 493
　　　　5　6 10 49 484　　　　　　　　나머지는 484

제수가 긴 나눗셈

13,671,514 나누기 4,217처럼 제수의 자릿수가 네 자리 이상일 때에도 기본적으로는 앞에서와 같은 방법을 사용한다.

(1) NT 숫자를 빼서 작업 숫자를 구한다.
(2) 작업 숫자에서 UT 숫자를 빼서 새로운 부분 피제수를 구한다.
(3) 새로 구한 부분 피제수를 제수의 첫째 자리 숫자로 나누어 답을 한 자리씩 얻는다.

하지만 지금은 4,217의 7처럼 신경 써야 할 자릿수가 하나 더 늘어났다. 그래도 앞의 (1)번과 (3)번 순서는 그대로 둔 채 UT 숫자 계산만 더 늘리면 된다. 다음 풀이를 비교해보면 UT 계산 과정을 늘린다는 의미를 알 수 있다.

　　　　　　　　　　　　　　　　　N T
　　　　　　　　　　　　　　　　　　U
제수가 두 자릿수일 때 :　　　　　4 2

　　　　　　　　　　　　　　　　N T
　　　　　　　　　　　　　　　　　U T
　　　　　　　　　　　　　　　　　　U
제수가 세 자릿수일 때 :　　　　4 2 1

빠르고 정확한 나눗셈

제수가 네 자릿수일 때 :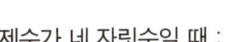
4 2 1 7

자릿 수가 늘어나면 그만큼 UT 수도 늘어난다. 그 결과 위와 같이 UT 수들이 겹쳐지게 된다. 제수가 네 자릿수일 때는 UT 수가 세 개가 되고 다섯 자리 일 때는 UT 수가 넷이다. 항상 끝에는 U가 하나 있지만, 이것도 UT 수로 친다. 옆에 수가 없기 때문에 T가 생략되었을 뿐이다.

UT는 각각 답의 자리에 있는 숫자들과 곱한다. 자세한 계산 과정은 다음의 x 로 표시한 풀이를 살펴보도록 하자. 이 x는 어떤 숫자라도 될 수 있다. 답을 이미 구했다고 가정하고 아래와 같이 답의 각 자리 숫자를 UT와 짝지어서 곱하면 된다.

제수가 네 자릿수일 때 :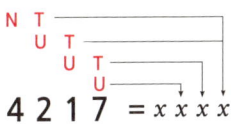
$4\ 2\ 1\ 7 = x\ x\ x\ x$

제수가 다섯 자릿수일 때 :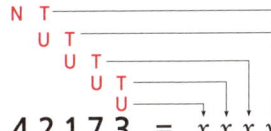
$4\ 2\ 1\ 7\ 3 = x\ x\ x\ x$

이제 UT 곱셈의 결과를 한꺼번에 살펴보자. 이 과정은 제수가 두 자리, 세 자리일 때도 해왔던 것이다. 풀이를 보면 곱셈할 때와 유사하게 숫자들이 '한데 포개지는 모양'으로 계산된다.

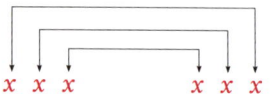

양 끝에서부터 가운데를 향해 안쪽으로 이동한다.

다음은 이 계산 과정 전체를 정리한 것이다.

1. 각 단계에서 새로 구한 답의 자리 숫자와 제수의 첫 두 자리 숫자(4,217의 42)를 NT식으로 곱한다.
2. 새로 구한 답의 자리 숫자를 제수의 둘째, 셋째 자리 숫자(4,217의 21)와 UT식으로 곱한다.
3. 가운데 쪽으로 이동해서 제수와 답의 이전 자리 숫자를 UT식으로 곱한다 (4,217에서는 먼저 17을 계산하고 다음에 7을 불완전한 UT인 U식으로 계산한다).

이제 다시 13,671,514 나누기 4,217을 풀어보자. 위의 세 가지 법칙을 적용해서 답을 구한다. 먼저 제수 4,217이 네 자리 수이기 때문에 피제수의 오른쪽에서 세 번째 숫자 옆을 빗금 표시한다. 빗금 표시는 항상 제수보다 한 자리 작게 표시한다.

$$1 \quad 3 \quad 6 \quad 7 \quad 1/5 \quad 1 \quad 4 \div 4217 = 3$$
$$ 13$$

빗금 오른쪽 숫자 세 개는 나머지를 구하는 데 이용된다. 답의 첫째 자리 숫자는 13을 4,217의 4로 나눈 3이다. 위의 세가지 규칙을 이용해보자.

답의 둘째 자리 숫자 : NT 숫자를 뺀다(규칙 1).

선생님도 몰래 보는 스피드 계산법
빠르고 정확한 나눗셈

```
                              N T
1   3   6   7   1/5   1   4 ÷ 4 2 1 7 = 3
                1
              ↗
        -NT(12)                    NT = 42 × 3
              ↘                       12 06
          13                       NT = 12
```

UT 숫자를 뺀다(규칙2).

```
                              N T
                              U T
1   3   6   7   1/5   1   4 ÷ 4 2 1 7 = 3
        16
              ↗
        -UT(06)                    UT = 21 × 3
              ↘                       06 03
        13  10                     UT = 6
```

부분 피제수인 10을 4,217의 4로 나누면 답의 다음 자리 숫자 2를 구할 수 있다.

답의 셋째 자리 숫자 : NT 숫자를 뺀다(규칙 1).

```
                              N T
                              U T
1   3   6   7   1/5   1   4 ÷ 4 2 1 7 = 3 2
        16  27
              ↗
        -NT(08)                    NT = 42 × 2
              ↘                       08 04
        13  10                     NT = 8
```

UT 숫자를 뺀다(규칙 2, 3).

```
        N T
       U T T
        U T
  1   3   6   7   1 / 5   1   4 ÷ 4 2 1 7 = 3 2
          16  27
           |                         UT = 21 × 2,  17 × 3
          -UT(09)                         04 02    03 21
           ↓                         UT = 4 더하기 5 = 09
          13  10  18
```

그리고 지금 구한 18을 4,217의 4로 나눠서 답의 다음 자리 숫자인 4를 구한다.

답의 마지막 자리 숫자 : 이 예제에서는 답의 넷째 자리 숫자가 마지막이 된다. 몫 부분과 나머지 부분을 가르는 빗금 표시를 보면 알 수 있다. NT 숫자를 뺀다(규칙 1).

```
                                        N T
                                       U T T
                                        U T
  1   3   6   7   1 / 5   1   4 ÷ 4 2 1 7 = 3 2 4
          16  27  21↗
                  |                      NT = 42 × 4
                 -NT(16)                      16 08
                  ↓                      NT = 16
          13  10  18
```

UT 숫자를 뺀다(규칙 2, 3).

```
                                         N T
                                        U T T
                                         U T
  1   3   6   7   1 / 5   1   4 ÷ 4 2 1 7 = 3 2 4
          16  27  21
                  |                      UT = 21 × 4,  17 × 2,  7 × 3
                 -UT(12)                      08 04    02 14    21
                  ↓                      UT = 8 더하기 3 더하기 1 = 12
          13  10  18   9
```

답의 마지막 자리 숫자는 2이다. 마지막 부분 피제수인 9를 4,217의 4로 나눈 결과이다.

나머지: 몫을 모두 구하고 나면 계속해서 나머지를 구해야 한다. 제수가 몇 자리이든 간에 계산 과정은 제수가 세 자릿수일 때와 같이 3단계가 있다.

1. 빗금 표시된 경계 왼쪽을 보통 하던 방식대로 계산한다. 계산하던 숫자에서 NT 숫자를 빼서 계산할 숫자를 구한다. UT 뺄셈도 이전처럼 한다.

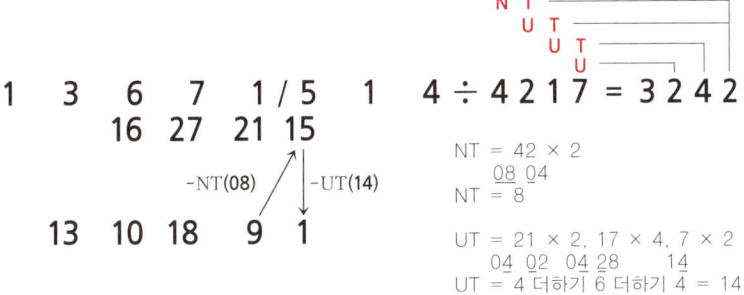

여기까지는 몫을 구할 때 했던 계산과 똑같으며, 다음 단계에서는 나머지를 구하는 계산의 특성이 나타난다. 제수와 몫을 계산할 때 NT, UT 계산이 왼쪽에서 오른쪽으로 이동하는 과정에 유의한다. 이 단계에서 몫인 3,242의 3은 이용하지 않았다. 아래 계산에서도 왼쪽에서 오른쪽으로 옮겨가는 방식이 계속된다.

2. 빗금 표시를 넘어가서 피제수의 다음 자리 숫자, 즉 나머지 부분 숫자 두 개 중 처음 숫자를 계산한다. 여기서부터 계산이 끝날 때까지는 NT 숫자가 필요없다. 대신 부분 피제수를 단순히 올려 작업 숫자의 앞 자리에 쓴다.

```
                              U T
                               U T
                                U
1  3  6  7  1/5  1    4 ÷ 4 2 1 7 = 3 2 4 2
      16 27 21 15 ,11
         
      13 10 18  9  1
```

3. 마지막으로 피제수의 마지막 자리 숫자, 즉 나머지 부분 숫자 두 개 중 두 번째 숫자를 계산한다. 왼쪽에서 오른쪽으로 계산이 한 단계씩 진행될수록 UT 숫자가 하나씩 줄어든다. 위에 있는 풀이와 다음 풀이를 비교하면 그 차이를 알 수 있다.

$$
\begin{array}{cccccccc}
& & & & & & & \overset{U\ T}{\overline{}} \\
1 & 3 & 6 & 7 & 1/5 & 1 & 4 \div 4\,2\,1\,\overset{U}{7} = 3\,2\,4\,2 \\
& 16 & 27 & 21 & 15 & 11 & \\
& & & & & \big| & \\
& & & & & -UT(11) & \quad UT = 17 \times 2,\ 7 \times 4 \\
& & & & & \downarrow & \quad\quad\ \ \underline{02\ 14\quad\ \ 28} \\
& 13 & 10 & 18 & 9 & 1 & 0 \quad UT = 3\ \text{더하기}\ 8 = 11
\end{array}
$$

2단계에서처럼 NT 숫자가 없기 때문에 부분 피제수를 그대로 올려 적는다. 3단계에서는 마지막 단계이기 때문에 제수의 일의 자리 숫자, 즉 맨 오른쪽 숫자와 몫의 일의 자리 숫자를 곱하는 것으로 계산이 끝난다. 제수와 몫 둘 다 왼쪽에서 오른쪽으로 이동하는 계산이 마지막까지 끝난 것이다.

$$
\begin{array}{ccccccccc}
& & & & & & & \overset{U}{\overline{}} \\
1 & 3 & 6 & 7 & 1/5 & 1 & 4 \div 4\,2\,1\,\overset{}{7} = 3\,2\,4\,2 \\
& 16 & 27 & 21 & 15 & 11 & 04 \\
& & & & & \nearrow\ \downarrow & \\
& & & & & \ \ -U(04) & \quad U = 7 \times 2 \\
& & & & & & \quad\quad\ \ \underline{\ 14\ } \\
& 13 & 10 & 18 & 9 & 1 & 0 \quad 0 \quad U = 04
\end{array}
$$

마지막 계산의 결과가 나머지이다. 여기서는 마지막 숫자가 0이다. 나머지가 없으므로 이 나눗셈은 나누어떨어졌다.

각 단계마다 등장하는 작업 숫자들을 하나하나 표시하면서 자세하게 설명했기 때문에 자칫 나눗셈이 어렵다고 생각할 수도 있다. 하지만 명료하게 보여 주기 위해 자세한 계산 과정을 반복했기 때문에 복잡하게 보이는 것뿐이다. 실제로 계산 과정을 다 이해하고 나면 쉽고 빠르게 할 수 있다.

하지만 모든 계산에는 실수가 따르는 법이다. 트라첸버그 계산법도 예외는 아니다. 특히 나눗셈 계산법에서는 올바른 UT 숫자를 찾아서 계산하는 과정을 주의해야 한다. 150페이지에 설명된 세 가지 규칙은 제수와 답을 어떻게 NT, UT로 짝지어야 하는지 알려준다. 다시 한 번 확인해보자.

1. 각 단계에서 새로 구한 답의 자리 숫자와 제수의 첫 두 자리 숫자(4,217의 42)를 NT식으로 곱한다.
2. 새로 구한 답의 자리 숫자를 제수의 둘째, 셋째 자리 숫자(4,217의 21)와 UT식으로 곱한다.
3. 가운데 쪽으로 이동해서 제수와 답의 이전 자리 숫자를 UT식으로 곱한다 (4,217에서는 먼저 17을 계산하고 그 다음에 7을 불완전한 UT인 U식으로 계산한다).

다음 풀이에는 제수와 몫만 나타나 있다. 잘 살펴보면 올바른 NT 와 UT 짝을 찾는 데 도움이 된다. 1~4는 답을 찾는 과정이고 5~7은 나머지를 구하는 과정이다.

1. 4 2 1 7 = 3

2. 4 2 1 7 = 3 2

3. 4 2 1 7 = 3 2 4

4.
```
     N T
     U T
      U T
       U
   4 2 1 7 = 3 2 4 2
```

5.
```
     U T
      U T
       U
   4 2 1 7 = 3 2 4 2
```

6.
```
      U T
       U
   4 2 1 7 = 3 2 4 2
```

7.
```
          U
   4 2 1 7 = 3 2 4 2
```

UT를 다룰 때는 조심해야만 한다. 실수와 수고를 줄이려면 UT 숫자를 구하자마자 바로 계산 숫자에서 빼서 결과를 새로운 작업 숫자로 삼는다. 그 숫자에서 다음 UT 숫자를 뺀다.

나눗셈의 검산

지금까지 나눗셈을 하는 두 가지 방법, 즉 '간단한' 방법과 '빠른' 방법에 대해 알아보았다. 간단한 방법은 검산할 필요가 없을 정도로 거의 완벽하다. 하지만 마지막으로 검산한다고 해서 나쁠 것은 없다. 그에 비해 빠른 방법은 실수할 여지가 있다. 따라서 답과 나머지, 특히 나머지에 신경 써서 체계적으로 검산해야 한다.

많은 검산법 중에서 가장 자연스럽고 편리한 방법은 다음의 일반적인 검산법이다. 나중에 소개할 변형된 방법으로 조금씩 응용해도 되지만 일반적인 검산법이 가장 좋다.

1. 피제수에서 나머지를 뺀다. 예를 들어 2,296 나누기 62에서 몫은 37이고 나머지가 2인데, 2,296에서 나머지인 2를 빼보는 것이다. 그 결과인 2,294를 제수 62로 나누면 나머지가 생기지 않는다.
2. 피제수에서 나머지를 뺀 다음 자릿수 합을 구한다. 자릿수 합은 그 수의 각 자리 숫자들을 더해서 구한다. 2,294의 자릿수 합은 2 더하기 2 더하기 9 더하기 4로 17이다. 두 자리 이상이면 다시 각 자리 숫자를 더해 한 자리로 줄여야 하므로 1 더하기 7은 8이다. 즉 2,294의 자릿수 합은 8이다. 자릿수 합은 언제나 이렇게 한 자릿수로 만들어야 한다.
3. 제수와 몫의 자릿수 합을 구해서 두 수를 곱한다. 2,296 나누기 62에서 제수는 62, 몫은 37이다. 각각 자릿수 합을 구하면 62는 8, 37은 10인데 한 자릿수로 줄여 1을 만든다. 둘을 곱하면 8 곱하기 1은 8이다. 두 자리 이상이면 한 자리로 줄여야겠지만 8은 이미 한 자리이므로 그럴 필요가 없다.
4. 방금 구한 8과 2번째 항목에서 구한 나머지를 뺀 피제수의 자릿수 합을 비교한다. 두 숫자가 일치하면 이 계산이 올바르다는 뜻이다. 몫과 나머지 모두 맞다.

앞에서 풀어본 몇몇 예제 중에는 나누어떨어지는 문제도 있었다. 예컨대 1,904 나누기 34처럼 말이다. 괄호 안에 검산 숫자를 써서 나타내보자.

$$\overset{(5)}{1\ 9\ 0\ 4} \div \overset{(7)}{3\ 4} = \overset{(\cancel{11})\ (2)}{5\ 6}$$

검산해보면 7 곱하기 2는 14이고 1과 4를 더해 자릿수 합 5를 얻었다. 이 숫자는 1,904의 자릿수 합 5와 같다. 따라서 이 계산도 맞다.

이런 검산법은 기본적으로 나눗셈의 역연산인 곱셈을 이용하는 방법이다. 1,904 나누기 34는 56이다. 이 계산의 역연산은 34 곱하기 56은 1,904이다. 같은 내용이지만 곱셈을 이용한 것뿐이다.

계산식 : 3 4 × 5 6 = 1 9 0 4
자릿수 합 : 7 × 2
            7 × 2 = 14, (1 + 4) = 5   검산 끝

나머지가 있다면 나머지를 피제수에서 빼고 난 다음에 같은 작업을 하면 된다.

자릿수 합 :   (7, 아래 참고)   (2)   (8)
계산식 : 6 3 1 2 3 2 5 7 ÷ 9 8 3 = 6 4 2 1 4
                                        나머지 895

           63123257
           −895
           63122362   자릿수 합 = 7
        7 ↔ 2×8 = 16
        7 ↔ 16

변형된 검산법은 사실 쓰는 사람의 선택 문제이다. 하지만 이 방법을 적용하면 위에서처럼 나머지 895를 빼지 않아도 된다.

1. 피제수에서 나머지를 빼지 않는다. 예컨대 63,123,257에서 895를 빼지 않는다.
2. 대신에 나머지의 자릿수 합을 찾아 피제수의 자릿수 합에서 뺀다. 뺄셈을 할 때 필요하면 9를 더한다. 위의 예제를 보면 나머지 895의 자릿수 합은 8 더하기 5로 13, 다시 1 더하기 3으로 4이다. 피제수의 자릿수 합은 6 더하기 3 더하기 1 더하기 2 더하기 3 더하기 2 더하기 5 더하기 7로 20, 다시 2 더하기 0 하면 2이다. 이제 피제수의 자릿수 합 2에서 나머지의 자릿수 합 4를 빼야 한다. 하지만 뺄셈하기에는 2가 너무 작으므로 9를 더해 11로 늘린 뒤 뺀다. 자릿수 합을 계산할 때 9는 빼나 더하나 상관없다는 점을 떠올리자. 9는 0과 같다. 따라서 11 빼기 4를 계산해서 7을 얻는다.
3. 아까 했던 것처럼 7과 비교할 숫자를 구해야 한다. 몫의 자릿수 합 8에 제

수의 자릿수 합 2를 곱한 16의 자릿수 합을 구한다. 1 더하기 6은 7이다.
4. 2번 항목과 3번 항목에서 얻은 숫자를 비교한다. 7로 같기 때문에 이 계산은 올바르다.

연습문제

1. 5678 ÷ 41
2. 4871 ÷ 74
3. 70000 ÷ 52
4. 7389 ÷ 82
5. 9036 ÷ 36
6. 36865 ÷ 73
7. 22644 ÷ 51
8. 28208 ÷ 82
9. 14847 ÷ 49
10. 11556 ÷ 36
11. 18606 ÷ 31
12. 43271 ÷ 72
13. 81035 ÷ 95
14. 63000 ÷ 72
15. 4839 ÷ 64
16. 2014 ÷ 56
17. 5673 ÷ 72
18. 5329 ÷ 95
19. 4768 ÷ 92
20. 5401 ÷ 67
21. 2001 ÷ 45
22. 7302 ÷ 86
23. 9345 ÷ 99
24. 85367 ÷ 26
25. 479535 ÷ 63
26. 236831 ÷ 674
27. 543765 ÷ 823
28. 234876 ÷ 632
29. 27483624 ÷ 6211
30. 63123257 ÷ 9832

답

1. 5 6 7 8 ÷ 4 $\overset{N}{1}$ $\overset{T}{\underset{U}{}}$ = 1 3 8
      16 37 28
      5 15 34 (20)

2. 4 8 7 1 ÷ $\overset{N}{7}$ $\overset{T}{\underset{U}{4}}$ = 6 5
        47 61
       48 43 (61)

3. 7 0 0 0 0 ÷ 5 2 = 1 3 4 6
     20 30 40 10
   7 18 24 32 (8)

4. 7 3 8 9 ÷ 8 2 = 9 0
     08 09
   73 0 (9)

5. 9 0 3 6 ÷ 3 6 = 2 5 1
    20 03 06
   9 18 3 (0)

6. 3 6 8 6 5 ÷ 7 3 = 5 0 5
     08 36 05
   36 3 36 (0)

7. 2 2 6 4 4 ÷ 5 1 = 4 4 4
     26 24 04
   22 22 20 (0)

8. 2 8 2 0 8 ÷ 8 2 = 3 4 4
     42 40 08
   28 36 32 (0)

9. 1 4 8 4 7 ÷ 4 9 = 3 0 3
     08 14 07
   14 1 14 (0)

10. 1 1 5 5 6 ÷ 3 6 = 3 2 1
        15 05 06
     11 7 3 (0)

11. 1 8 6 0 6 ÷ 3 1 = 6 0 0
        06 00 06
     18 0 0 (6)

12. 4 3 2 7 1 ÷ 7 2 = 6 0 0
        02 07 71
     43 0 7 (71)

13. 8 1 0 3 5 ÷ 9 5 = 8 5 3
        50 33 05
     81 50 28 (0)

14. 6 3 0 0 0 ÷ 7 2 = 8 7 5
        60 40 00
     63 54 36 (0)

15. 4 8 3 9 ÷ 6 4 = 7 5
        43 39
     48 35 (39)

16. 2 0 1 4 ÷ 5 6 = 3 5
        41 54
     20 33 (54)

17. 5 6 7 3 ÷ 7 2 = 7 8
      67 63
   56 63 (57)

18. 5 3 2 9 ÷ 9 5 = 5 6
      62 09
   53 57 (9)

19. 4 7 6 8 ÷ 9 2 = 5 1
      16 78
   47 16 (76)

20. 5 4 0 1 ÷ 6 7 = 8 0
      10 41
   54 4 (41)

21. 2 0 0 1 ÷ 4 5 = 4 4
      20 21
   20 20 (21)

22. 7 3 0 2 ÷ 8 6 = 8 4
      50 82
   73 42 (78)

23. 9 3 4 5 ÷ 9 9 = 9 4
      44 45
   93 43 (39)

24. 8 5 3 6 7 ÷ 2 6 = 3 2 8 3
      15 23 16 17
      8 7 21 8 (9)

25. 4 7 9 5 3 5 ÷ 6 3 = 7 6 1 1
      39 15 13 45
     47 38 7 10(42)

26. 2 3 6 8 3 1 ÷ 6 $^{N}_{7}$ $^{T}_{U}$ $^{T}_{4}$$_{U}$ = 3 5 1
      36 18 33 261
     23 34 9 26(257)

27. 5 4 3 7 6 5 ÷ 8 2 3 = 6 6 0
      53 17 66 585
     54 50 6 58 (585)

28. 2 3 4 8 7 6 ÷ 6 3 2 = 3 7 1
      54 18 47 406
     23 45 10 40 (404)

29. 2 7 4 8 3/6 2 4 ÷ 6 2 $^{N}_{1}$$_{U}$ $^{T}_{1}$ $^{T}_{U}$ = 4 4 2 4
      34 28 43 76 622 6164
     27 26 16 31 62 616 (6160)

30. 6 3 1 2 3/2 5   7 ÷ 9 8 3 2 = 6 4 2 0
      51 32 13 32 185 1817
     63 42 20 3 18 181 (1817)

CHAPTER 6

 제곱과 제곱근

아래 그림은 목장을 간단한 도형으로 나타낸 것이다. 완벽한 정사각형 모양인 이유는 실제 존재하는 것이 아니라 상상 속의 목장이기 때문이다.

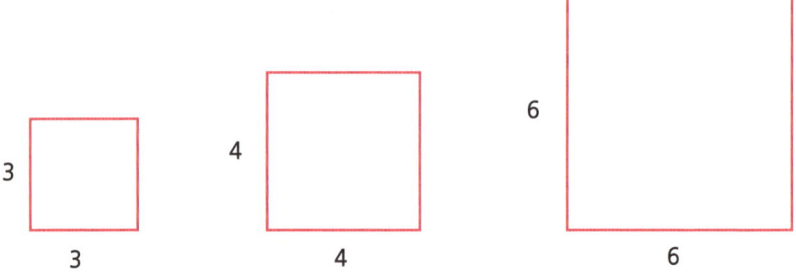

각 목장의 넓이는 얼마나 될까? 단위가 킬로미터라고 하면 첫 번째 목장의 넓이는 9제곱 킬로미터이다. 양 변이 3킬로미터이고 3 곱하기 3은 9이기 때문이다. 같은 방식으로 두 번째 목장의 넓이는 16제곱 킬로미터이고 세 번째 목장은 36제곱 킬로미터이다.

넓이를 구한 계산법에 주목해보자. 각 변의 길이를 한 번 더 곱해주었다. 이런 계산을 수의 '제곱'이라고 한다. 예를 들어 3의 제곱은 9이다. 다양한 문제에서 이 연산법을 찾아볼 수 있는데, 가장 쉬운 예는 정사각형의 넓이를 구하는 문제다. 우리는 정사각형의 넓이를 구할 때 한 변을 제곱해야 한다는 사실을 잘 알고 있다. 다음 예를 살펴보자.

수	제곱수
1	1
2	4
3	9
4	16
...	...
15	225
...	...
100	10,000

수학적 '연산'의 하나로 제곱을 정의해보자. 연산이란 어떤 수를 다른 수로 바꾸는 것을 뜻한다. 예를 들어 12를 두 배 해서 24로 만드는 예처럼 수를 두 배 하는 것도 연산이다. '1을 더하라.'는 가장 간단한 연산인데 12에 이 연산법을 적용하면 13이 된다. 각 연산은 어떤 수에서 시작해 그것과 다른 수로 끝난다. 즉 어떤 수가 다른 수로 변하는 것이다.

앞에 나왔던 24에 새로운 연산인 '반으로 나누라.'를 적용해보자. 24를 반으로 나누면 다시 처음의 12로 돌아간다. 이런 의미에서 두 배 하기와 반으로 나누기는 정반대의 연산이다. 이때 반으로 나누기를 두 배 하기의 '역연산'이라고 부른다. 그렇다면 '1을 더하라.'의 역연산은 무엇일까? 당연히 '1을 빼라.'이다. 앞서 12에 1을 더해 나온 값에서 1을 빼보면 다시 12로 돌아오는 것을 알 수 있다.

한편 제곱의 역연산은 '제곱근을 구하라.'이다. 지금까지 우리는 '두 배 하라.', '반으로 나누라.'처럼 연산을 명령형으로 표현했다. 제곱근도 이런 식으로 나타낼 수 있다. '다음 질문에 대답하라. 제곱수에서 제곱하기 전 원래 수는 얼마인가?' 아래 예를 보자.

수	제곱근
1	1
4	2
9	3
...	...
225	15
...	...
10,000	100

이번 장에서는 제곱과 제곱근을 모두 다루는데, 좀 더 쉬운 제곱 계산부터 살펴보려 한다. 어떤 수를 자기 자신과 곱하는 제곱 계산은 앞에서 배웠던 곱셈 계산법과 아주 유사하다. 제곱은 특별한 형태의 곱셈이기 때문이다. 제곱 구하는 법을 알게 되면 다음은 제곱근 구하기이다. 제곱근 계산은 나눗셈과 비슷하며 제곱 계산보다 약간 까다롭지만 더 쓸모가 있다.

제곱 구하기

두 자리 수
73 같은 두 자리 수를 제곱하는 것은 꽤 쉽다. 보통 곱셈법으로 하더라도 그렇게 어렵지 않다. 이전 장에서 배웠던 빠른 곱셈법을 이용해서 73 곱하기 73을 계산하면 된다.

```
  0 0 7 3 × 7 3
  5 3 2 9
```

하지만 더 빠르고 쉬운 방법이 있다. 세 가지 경우로 나눌 수 있는데, 먼저 살펴볼 두 가지는 제곱하는 수가 특정 조건을 만족할 때 사용하는 방법이다.

특별한 숫자 1 : 35나 65처럼 5로 끝나는 수를 제곱할 때는 다음과 같은 방법을 사용해보자.

1. 제곱수의 마지막 두 자리는 25이다. 이것은 5로 끝나는 모든 수의 제곱수 계산에 적용된다. 35의 제곱은 1225이다. 마지막 두 자리를 25로 놓고 앞의 두 숫자 자리를 표시하면 _ _ 25가 될 것이다.
2. 25 앞의 두 자리에 들어갈 숫자를 구하려면, 원래 수의 첫째 자리에 있는 숫자를 1만큼 큰 숫자와 곱한다. 35를 제곱한다면, 첫째 자리 숫자가 3이므로 3과 4를 곱한다. 결과값인 12를 25 앞에 붙이면 답은 1225가 된다. 65를 제곱할 때는 다음과 같이 하면 된다.

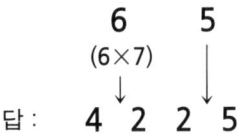

특별한 숫자 2 : 56처럼 십의 자리에 있는 숫자가 5일 때의 계산법을 알아보자. 역시 제곱수를 한 번에 쓸 수 있다.

1. 제곱수의 마지막 두 자리는 원래 수의 마지막 자리 숫자를 제곱한 값과 같다. 6 곱하기 6은 36이므로 56의 제곱은 _ _ 36으로 표기된다.

2. 제곱수의 앞 두 자리는 25에 원래 수의 마지막 자리에 있는 숫자를 더한 수이다. 56의 경우 25 더하기 6인 31이 된다. 이 값을 아까 구한 36 앞에 두면 답은 3,136이다.

만약 51처럼 마지막 자리 숫자가 작더라도 이 방법을 적용할 수 있다. 1 곱하기 1은 1이다. 1이 답의 마지막 두 자리를 채워야 하므로 1을 01로 적는다.

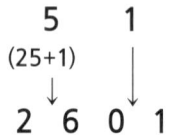

답은 2,601이다. 이렇게 1을 01로 적어서 우리가 원하는 네 자릿수의 정답을 구할 수 있다. 왼쪽에서 오른쪽으로 답을 쓰고 싶다면 그렇게 해도 된다. 받아올림이 없기 때문이다. 단, 지금 다룬 두 예제와 같이 받아올림이 없는 제곱 계산과 달리 받아올림이 있는 계산도 있다.

이제부터 살펴볼 계산법은 일반적인 두 자리 수를 제곱하는 계산법이다. 앞에서 사용한 두 가지 계산법도 여전히 포함되어 있다.

1. 답의 마지막 두 자리 수는 원래 수의 마지막 자리 숫자의 제곱이다(35를 제곱할 때 _ _ 25가 되는 것처럼).
2. 답의 앞쪽 두 자리 수는 원래 수의 첫 번째 자리 수를 제곱한다(51을 제곱할 때 25에 1을 더한 것처럼).

이제 앞에서 사용한 방법 대신 새로운 방법이 추가되면서 재미있어지기 시작한다.

3. 이제 '교차곱'이 필요하다. 원래 수의 십의 자리 숫자와 일의 자리 숫자를 서로 곱하는 것이다. 34를 제곱할 때 교차곱은 12이다. 이 교차곱을 어떻게 활용하는지 32를 제곱해보자.

1단계 : 32의 제곱은 32^2로 쓴다. 오른쪽 상단에 작은 글씨로 적힌 2는 32를 두 번 곱했다는 의미다(32 곱하기 32 곱하기 32는 32를 세 번 곱했다는 의미이므로 32^3으로 적는다). 우선 원래 수의 오른쪽 숫자를 제곱한다.

$$3\ 2^2$$
$$\overline{4}$$

2 곱하기 2는 4이다

2단계 : 원래 수의 두 숫자를 서로 곱하고 두 배 한다. 3 곱하기 2는 6이고 두 배 하면 12이다.

$$3\ 2^2$$
$$\overline{\overset{\cdot}{2}\ 4}$$

일단 2를 적고 십의 자리의 1은 점을 찍어 받아올림을 표시한다. 제곱 계산은 곱셈과 아주 유사하다.

3단계 : 원래 수의 왼쪽 숫자를 제곱한다.

$$3\ 2^2$$
답 : $$\overline{1\ 0\overset{\cdot}{2}\ 4}$$

3 곱하기 3에 점을 더하면 10이다

84를 제곱하면 어떻게 될까?

1단계 : $\quad\quad\quad \dfrac{8\,4^2}{\cdot 6}$ 4 곱하기 4는 16이다.

2단계 : $\quad\quad\quad \dfrac{8\,4^2}{^6 5\,6}$ 8 곱하기 4는 32고 두 배 하면 64이다. 여기에 점을 더한다.

3단계 : $\quad\quad\quad \dfrac{8\,4^2}{7\,0\,5\,6}$ 8을 제곱하면 64이고 여기에 받아올림한 6을 더하면 70이다.

이제 모든 과정을 게임하듯 머릿속으로 연습해보자. 종이에 뭔가를 적거나 하지 말고 집중해서 완전히 암산으로 한다. 앞의 예제로 다시 돌아가보자. 32를 보면 아래와 같은 두 자릿수 세 개를 떠올려야 한다.

$$\dfrac{3\quad 2}{09\ 12\ 04}$$

한 자릿수인 4는 04 같은 형태로 두 자릿수로 만든다. 09, 12, 04는 어떻게 구했을까? 물론 9는 3 곱하기 3에서, 4는 2 곱하기 2에서 왔다. 또 12는 3 곱하기 2를 두 배 했다. 이제 세 수를 머릿속에서 다음과 같이 자릿수를 맞춰 계산한다.

$$0(9 \quad 1)(2 \quad 0)4$$
$\quad\quad\quad$ 더하기 $\quad\quad$ 더하기

괄호 안의 숫자를 더하면, 9 더하기 1은 10(0을 쓰고 1은 점으로 찍는다), 2 더하기 0은 2다. 괄호가 있는 자리를 괄호 안 숫자들의 합으로 대체한다.

```
      0(9   1)(2   0)4
      0   ·0    2   4        답은 1,024
```

익숙해지면 이 작업을 왼쪽에서 오른쪽으로도 문제없이 해낼 수 있다. 위 문제처럼 종종 받아올림이 생기는데 그럴 때는 중간에 답을 고치면 된다. 두 자리 수 세 개만 처리하면 되기 때문에 생각보다 간단하다. 조금만 연습하면 암산으로 바로 답을 구할 수도 있다. 9에 받아올림 한 1을 더해 10으로 만드는 것도 간단하다.

첫 번째 단계에서 교차곱을 계산해서 두 배 하고, 숫자 두 개를 제곱하면 계산이 쉬워진다. 32의 제곱을 구하는 위의 예제에서 '3 곱하기 2는 6, 두 배 하면 12'의 과정을 먼저 거치고, '3의 제곱은 9, 2의 제곱은 4'를 구하는 것이다. 제대로 집중하기만 하면, 계산 과정을 중얼거리거나 머릿속에 떠올려보거나 할 필요도 없다. 3을 보면 9, 2를 보면 4가 바로 생각나는 것처럼 말이다. 하지만 처음 접하는 사람들이 교차곱을 구하려면 두 단계를 거쳐야 한다. 교차곱을 먼저 구하는 편이 좋다는 것은 이런 이유 때문이다. 하지만 물론 선택 사항이다.

각자 문제 하나를 풀어보자. 답이 바로 밑에 있지만 답을 보지 말고 먼저 암산으로 계산해보자. 아래와 같은 과정을 통해 43의 제곱인 1,849를 구할 수 있다.

```
              4  3²
        16 24 09
        1 8 4 9        24는 4 곱하기 3을 두 배 한 결과이다
```

앞에서 우리는 35와 같이 특별한 조건에 있는 수를 제곱해봤다. 3 곱하기 4는 12, 그리고 뒤에 25를 붙여 답 1225가 나왔다. 3보다 1 큰 숫자가 4이기 때문

에 4를 곱한 것이다. 이제 방금 배운 일반적인 제곱 계산법이 35와 같은 특별한 수에도 적용되는지 궁금할 것이다. 물론 적용된다. 35에서 나오는 두 자리 수 세 개를 떠올리고 머릿속에서 자릿수에 따라 나누어 답을 구해보면, 아래와 같이 답 1,225가 나온다.

$$\begin{array}{r} 35^2 \\ \hline 09\ 30\ 25 \\ 12\ \ 25 \end{array}$$

세 자리 수의 제곱

이제 462의 제곱수를 구해보자. 두 자리 수와 같은 방법을 사용한다.
우선 각 자리 숫자의 제곱을 구한다. 32의 제곱을 구할 때 3의 제곱 9와 2의 제곱 4를 이용했던 것을 떠올리자.

$$\begin{array}{r} 32^2 \\ \hline 09\ 12\ 04 \\ 1024 \end{array}$$

12는 3 곱하기 2를 두 배한 결과이다

세 자리 수인 462의 제곱을 구할 때도 4의 제곱 16, 6의 제곱 36, 2의 제곱 4를 이용한다.
각 자리 숫자들의 교차곱을 구해서 두 배 하는 것도 똑같다. 32를 계산할 때는 3 곱하기 2를 두 배 해서 12를 구했다. 세 자리 수 462를 제곱할 때도 교차곱을 구하기는 하지만 하나가 아니라 여러 개를 구한다. 숫자 세 개로 얻을 수 있는 모든 숫자 쌍에 대해 교차곱을 구해야 한다.

1단계 : 462의 4는 잠시 접어두고 남은 두 자리 62를 가지고 계산해보자. 두 자리 수의 제곱에 대해선 이미 다뤘으니 따로 설명 없이도 62를 제곱할 수 있을 것이다.

$$4 \quad 6 \quad 2^2$$
$$36\ 24\ 04$$
자릿수 계산 : $\quad\quad 3\ 8\ 4\ 4$

2단계 : 이제 두 자리 수의 제곱에서 보지 못한 새로운 계산 과정이 등장한다. 462의 첫째 자리 숫자와 마지막 자리 숫자를 곱하는 '열린 교차곱'을 계산한다. 4와 2를 곱한 뒤 두 배 하면 된다. 4 곱하기 2는 8이며 그 두 배는 16이다. 이 수를 아까 첫 번째 단계에서 구했던 값에 더한다.

$$4 \quad 6 \quad 2^2$$
$$\cancel{3}8\ 4\ 4$$
$$5\ 4\ 4\ 4 \quad\quad \text{16을 더한다. 38에 16을 더하면 54가 된다}$$

3단계 : 이제는 462의 2를 잠깐 잊어라. 46을 두 자리 수의 제곱 문제를 풀듯이 제곱한다. 하지만 6을 제곱하는 과정은 생략한다.

$$4 \quad 6 \quad 2^2$$
$$16\ 48\ 5\ 4\ 4\ 4 \quad\quad \text{6을 제곱하지 않는다.}$$
$$2\ 1\ 3\ 4\ 4\ 4 \quad\quad\quad \text{답은 213,444}$$

조금 다른 방식으로 정리해보자. 계산법의 기본 뼈대만 다시 한 번 살펴보면 일정한 순서가 있다는 것을 알 수 있다. 462를 제곱하면서 우리는 먼저 62를 제곱했다. 그리고 나서는 462의 2를 무시하고 46을 제곱했다.

62가 462의 오른쪽 '끝'에 있기 때문에 답을 구할 때도 62의 제곱이 답의 오른쪽 끝으로 갔다. 이와 마찬가지로 46이 462의 '맨 앞'에 있기 때문에 답에서도 46의 제곱이 왼쪽 끝에 있다. 462에서 46과 62가 겹치기 때문에 계산하는 중간에서도 서로 겹친다. 더 정확히 설명하면 다음과 같다.

1. 462에는 6이 한 개만 들어 있다. 따라서 6의 제곱인 36도 한 번만 사용해야 한다. 46을 제곱할 때 36을 더하지 않는 이유는 62를 제곱할 때 이미 한 번 더했기 때문이다.
2. '열린 교차곱'이라는 새로운 개념이 등장한다. 46이나 62를 제곱할 때 나오지 않았던 용어이다. 열린 교차곱을 구하려면 462의 맨 앞과 맨 마지막 자리의 숫자를 서로 곱한다. 4 곱하기 2의 결과인 8을 두 배 해 16을 얻는다. 계산 중인 숫자 중간, 즉 62 제곱의 왼쪽에 16을 더한다.

실제로 문제를 풀 때는 위에서 설명하느라 늘어놓았던 숫자들을 다 적지 않아도 된다. 계산 과정은 다음과 같다.

		3	2	5	밑줄 그은 숫자만 종이에 적는다
	04	20	25		
자릿수 계산 :	0	6	2	5	
	3	0			325의 3과 5를 곱하고 두 배 한다
		3	6	2	5
	09	12	3	6	2	5	32^2
자릿수 계산 :	1	0	5	6	2	5	

앞에서 25가 5로 끝나는 수이기 때문에 특별한 수라고 구분했던 것을 기억하는가? 앞에서의 방법을 이용하면 2 곱하기 3(2보다 1 큰 숫자는 3)의 결과인 6 뒤에 25를 붙여 25의 제곱수 625를 얻게 된다. 이 결과값을 예제에서도 사용할

수 있다. 네 자리 숫자가 필요하기 때문에 625를 0625라고 써야 한다는 점에 주의하자.

```
                3    2    5
                0    6    2    5
                3    0
                     3    6    2    5
           09  12    3    6    2    5
자릿수 계산 :   1  0    5    6    2    5
```

이제 중간 단계를 적지 않고 암산으로 푸는 연습을 하는데, 처음 하는 것인 만큼 숫자가 대칭 형태인 쉬운 문제로 연습해보자.

$$2 \quad 2 \quad 2$$ 답 :

혼자 풀어본 답과 아래의 풀이를 비교하며 답을 확인하자.

```
              2    2    2
              04   08   04
자릿수 계산 :    0    4    8    4
```

이제 열린 교차곱인 2 곱하기 2를 두 배 한 수를 더한다.

```
                   2    2    2
                   0    4    8    4
                   1    2    8    4

                   2    2    2
              04   08   1 2  8  4
자릿수 계산 :    4    9    2    8    4
```

22^2

이렇게 제곱 구하는 법을 익혀놓으면 바로 다음에 나올 제곱근 구하기에서 큰 실력을 발휘할 수 있다. 하지만 제곱근 구하기와 제곱 구하기가 똑같지는 않기 때문에 차이점을 이해하면서 살펴보자.

제곱근 구하기

세 자리 수와 네 자리 수

어떤 수에 자기 자신을 곱하면 제곱수를 얻게 된다. 제곱수가 144이면 제곱근은 12이다. 12 곱하기 12가 144이기 때문이다. 이것이 바로 '제곱근'의 의미이다. 어떤 수가 주어지면 우리는 제곱근이 이런 성질을 가질 것이라고 예상할 수 있다.

144나 1,024같이 세 자리, 네 자리 수가 주어지면 제곱근은 두 자리 수이다. 예를 들어 1,024의 제곱근은 32가 된다. 여기서 세 자리 수와 네 자리 수를 함께 다루는 이유는 둘 다 제곱근이 두 자리 수이기 때문이다.

예제 1: 625의 제곱근을 구해보자. 일반적으로 다음과 같은 기호를 사용한다.

$$\sqrt{625}$$

이 기호는 '625의 제곱근'이라고 읽는다.

1단계: 오른쪽에서 두 번째 자리에 빗금을 표시한다.

$$6 \,/\, 2 \; 5$$

그리고 이 빗금의 왼쪽에 있는 숫자부터 계산한다. 즉 여기서는 6부터 시작하는 것이다. 다음과 같은 일반 법칙을 따르면 된다. 수가 세 자리든, 네 자리든 간에 오른쪽에서부터 두 번째 자리에 빗금 표시를 하고 그 왼쪽부터 시작한다. 예를 들어 1,024라면 10/24로 표시하고 10부터 계산한다.

2단계 : 구구단을 떠올려 첫 번째 단계에서 찾은 수보다 제곱수가 작은 수 가운데 가장 큰 수를 찾는다. 첫 번째 단계의 수가 6이라면 답은 2이다. 2 곱하기 2는 4이고 3 곱하기 3은 9인데, 9는 6보다 크기 때문에 3은 답이 될 수 없다. 즉 2가 답의 첫째 자리에 들어갈 숫자이다.

$$\sqrt{6\,2\,5} = 2$$

3단계 : 답의 첫째 자리에 들어가는 숫자를 제곱한 뒤 6에서 뺀다.

$$\sqrt{6\,2\,5} = 2$$
$$\frac{4}{2}$$

4단계 : 세 번째 단계에서 구한 수(맨 아래 있는 2)를 반으로 나눠서 뒤에 0을 붙인다. 여기서는 10이다. 이제 10을 답의 첫째 자리 숫자로 나눈다. 10 나누기 2는 5이다. 이 숫자가 답의 다음 자리에 들어갈 값이 된다.

$$\sqrt{6\,2\,5} = 2\,5$$
$$\frac{4}{2}$$

25라는 두 자리 수를 구했고, 위 문제의 답이 두 자리라는 것을 알고 있다. 하지만 아직 끝난 것은 아니다. 반드시 다음 사항들을 확인해야 한다.

1. 마지막 자리의 수인 5를 점검해야 한다. 나눗셈에서처럼 답의 숫자가 너무 크거나 작을 수 있다. 그러면 전 단계로 돌아가 답을 수정해야 한다. 따라서 5는 아직 확정된 답이 아니라 잠정적인 숫자이다.
2. 나머지를 찾아야 한다. 대부분의 문제에서 답은 나누어떨어지지 않는다. 나눗셈에서 연습했던 방법을 떠올리며 제곱근의 나머지를 찾는 방법을 익혀보자.

5단계: 방금 구한 답 25를 제곱 구할 때와 같은 방식으로 아래와 같이 섞는다.

$$\begin{array}{r} 2\ 5 \\ \hline 04\ 20\ 25 \end{array}$$

2에 5를 곱하고 두 배 하면 20이다

왼쪽에 있는 숫자 04는 생략하고 20과 25만 사용한다. 숫자를 자릿수에 맞춰 계산하면,

$$\begin{array}{r} 20\ \underline{25} \\ 2\ 2\ 5 \end{array}$$

0 더하기 2는 20이다

다음과 같이 적어둔다.

$$\sqrt{625} = 2\ 5 \\ (2\ 2\ 5)$$

이렇게 나온 괄호 안 숫자의 첫 번째 숫자, 즉 밑줄 친 2를 위에서 구했던 숫자(줄 아래의 2)에서 뺀다.

$$\sqrt{625} = 2\ 5 \\ 40 \qquad (2\ \underline{2}\ 5) \\ \underset{2}{\nearrow}$$

나눗셈에서처럼 화살표는 밑줄 친 2를 빼라는 뜻이다

6단계 : 주어진 원래 수의 뒤쪽 숫자 두개를 내려 적는다. 바로 전의 뺄셈에서 얻은 0 뒤에 625의 2와 5를 내려 적으면 된다.

$$\sqrt{6\ 2\ 5} = 2\ 5$$
$$\underline{4}\ 02\ 5 \quad (\underline{2}\ 2\ 5)$$
$$2$$

025에서 괄호 안의 수 중 남아 있는 수를 뺀다. 여기서는 225에서 밑줄 친 2를 계산에 사용했으므로 남는 것은 25이다.

$$\sqrt{6\ 2\ 5} = 2\ 5$$
$$\underline{4}\ 02\ 5 \quad (\underline{2}\ 2\ 5)$$
$$\underline{2}\ 0\ 0$$

나머지는 0이다

나누어떨어지므로 625의 제곱근은 25이다.

예제 2 : 645의 제곱근을 구해보자. 이번에는 나누어떨어지지 않고 나머지가 있는 문제다.

1단계 : 뒤쪽부터 두 자리를 세어 빗금 표시를 한다.　**6/45**

2단계 : 답의 첫째 자리 숫자를 구하는 순서. 6보다 작은 최대의 제곱수를 찾아 제곱하기 전의 수를 쓴다.

$$\sqrt{6\ 4\ 5} = 2$$

3단계 : 방금 구한 수의 제곱(2 곱하기 2의 결과인 4)을 6에서 뺀다.

$$\sqrt{645} = 2$$
$$\underline{4}$$
$$2$$

4단계 : 뺄셈의 결과, 즉 아랫줄의 2를 반으로 나누고 뒤에 0을 붙인다.

$$\sqrt{645} = 2$$
$$\underline{4}$$
$$2$$
$$(10)$$

10을 이미 구한 답의 첫째 자리 숫자로 나눈다. 10 나누기 2는 5이다. 이 숫자가 일단 잠정적으로 답의 둘째 자리에 들어갈 숫자이다.

$$\sqrt{645} = 25$$
$$\underline{4}$$
$$2$$

5단계(나머지 구하기와 검산) : 방금 구한 답의 둘째 자리 숫자를 이용해서, 제곱 구하는 방법으로 오른쪽에 있는 두 수(20과 25)를 구한다.

$$\sqrt{6\ 4\ 5} = 2\ 5$$
$$\underline{4}\ 0 \qquad (0\underline{4}\ \ 20\ \ 25)$$
$$2 \qquad\qquad\ (2\ \ 2\ \ 5)$$

자릿수에 맞춰 계산

밑줄 친 2를 빼서 0을 적는다. 원래 주어진 수에서 45를 내려적은 후 225의 25를 뺀다.

선생님도 몰래 보는 스피드 계산법
제곱과 제곱근

$$\sqrt{6\ 4\ 5} = 2\ 5$$

```
  4 04 5      (20 25)
  2  2 5      (2 2 5)
     2 0
```

나머지는 20이다

제곱근 25와 나머지 20을 구했다. 이 값은 아까 구해놓았던 답 25보다 작기 때문에 나머지가 될 수 있다. 하지만 이렇게 구한 수가 항상 나머지로 성립되지는 않는다.

예제 3 : 이제 나머지가 성립되지 않는 경우를 풀어보도록 하자.

$$\sqrt{6\ 7\ 6} = 2\ 5$$

```
  4 07 6      (20 25)
  2  2 5      (2 2 5)
     5 1
```

나머지는 51이다

나머지를 구하기까지의 과정은 앞 문제와 동일하다. 하지만 여기서는 나머지가 51이다. 제곱근을 구할 때의 원칙은 나머지는 답을 두 배 한 수보다 커서는 안된다는 것이다. 위의 나머지 51은 답 25의 두 배인 50보다 크다. 따라서 답의 일의 자리에 들어간 5는 너무 작다. 5를 6으로 바꿔보면 답은 25가 아니라 26이 될 것이다. 즉 다음과 같이 바꾸어보자.

$$\sqrt{6\ 7\ 6} = 2\ 6$$

```
  4 07 6      (04 24 36)
  2  7 6      (2 7 6)
     0 0
```

여기서부터 달라진다!
나머지는 0이다

26으로 나누어떨어지므로 676의 제곱근은 26이다.

예제 4 : 2,200의 제곱근을 구해보자.

1단계 :   2 2 / 0 0

2단계 : $\sqrt{2\ 2\ 0\ 0}$ = 4

　　　　　　　　　　　5 곱하기 5는 25로 너무 크지만
　　　　　　　　　　　4 곱하기 4는 16이므로 적합하다

3단계 : $\sqrt{2\ 2\ 0\ 0}$ = 4
　　　　　　1 6
　　　　　　―――
　　　　　　　6

4단계 : $\sqrt{2\ 2\ 0\ 0}$ = 4 7
　　　　　　1 6
　　　　　　―――
　　　　　　　6
　　　　　　(30)　　　　　　30 나누기 4는 7이다

5단계 (나머지 구하기와 검산) :

$\sqrt{2\ 2\ 0\ 0}$　　= 4 7
1 6 00 0　　(1̶6̶ 56 49)
―――――
　 6 0 9　　　(6 0 9)

0에서 9를 뺄 수 없으므로 7은 너무 크다. 따라서 46으로 수정하고 다시 해보자.

$\sqrt{2\ 2\ 0\ 0}$　　= 4 6
1 6 10 0　　(1̶6̶ 48 36)
―――――
　 6 1 6　　　(5 1 6)
　　 8 4　　　　나머지는 84이다

100에서 16은 뺄 수가 있다. 따라서 46은 맞는 답이다.

앞에서 막 구한 작업 숫자를 반으로 나누고 뒤에 0을 붙이는 단계가 있었다. 예제의 4단계에서 16 밑에 있는 6을 2로 나누고 뒤에 0을 붙여 30을 만드는 과정이다. 이 30을 답으로 구해놓은 4로 나누었다.

그런데 가끔 다음 문제처럼 홀수를 반으로 나눠야 할 때도 있다.

$$\sqrt{3\ 0\ 2\ 5} = 5$$
$$\phantom{\sqrt{3\ 0}}2\ 5$$
$$\phantom{\sqrt{3\ 0\ 2}}5$$

이런 문제에서는 절반보다 큰 수, 즉 5를 예로 들면 2보다는 3이 맞을 때가 많다.

$$\sqrt{3\ 0\ 2\ 5} = 5\ 6 \qquad (2\underline{5}\ 60\ 36)$$
$$\phantom{\sqrt{3\ 0}}2\ 5 \qquad\qquad\ \ (\underline{6}\ 3\ 6)$$
$$\phantom{\sqrt{3\ 0\ 2}}5$$
$$\phantom{\sqrt{3\ 0\ }}(30)$$

하지만 여기서는 5에서 밑줄 친 6을 뺄 수가 없다. 답으로 구한 수의 6이 너무 크다는 뜻이다. 55로 다시 시도해보면 아래와 같다.

$$\sqrt{3\ 0\ 2\ 5} = 5\ 6 \qquad (2\underline{5}\ 50\ 25)$$
$$\phantom{\sqrt{3}}2\ 5\ 02\ 5 \qquad\ \ (\underline{5}\ 2\ 5)$$
$$\phantom{\sqrt{3\ 0\ }}5\ 2\ 5$$
$$\phantom{\sqrt{3\ 0\ 2\ }}0\ \ 0$$

나머지는 0이다

55로 나누어떨어지므로 3,025의 제곱근은 55다.

다섯 자리 수와 여섯 자리 수의 제곱근

다섯 자리 수와 여섯 자리 수의 제곱근은 모두 세 자리 수이기 때문에 함께 다루도록 하겠다. 예를 들어 88,246의 제곱근은 296이고, 674,589의 제곱근은 821이다. 둘 다 세 자리 수이다. 각각 나머지도 존재한다. 이렇게 제곱근의 자릿수가 어떻게 정해지는지 미리 알 수 있다면 문제 풀이는 더욱 쉬워지는데, 대략 주어진 수의 자릿수의 절반 정도가 제곱근의 자릿수가 된다. 이것을 체계적으로 정리하면 다음과 같다.

1. 주어진 수의 자릿수가 짝수면(674,589의 자릿수는 6이므로 짝수), 제곱근의 자릿수는 그 절반이다.
2. 주어진 수의 자릿수가 홀수(625의 자릿수는 3이므로 홀수)면, 제곱근의 자릿수는 주어진 수의 자릿수에 1을 더한 수의 절반이다(625의 자릿수 3에 1을 더하면 4이고, 4를 반으로 나눈 2가 제곱근의 자릿수가 된다).

자릿수를 세지 않고 오른쪽에서부터 숫자 두 개씩 빗금 표시를 하는 방법으로도 같은 결과를 얻을 수 있다. 674,589를 예로 들어보자. 먼저 67/45/89와 같이 빗금을 그어보면, 수가 세 부분으로 나뉜 것을 알 수 있다. 제곱근의 자릿수는 3이다. 주어진 수가 88,246일 경우, 8/82/46으로 표시해보면 역시 자릿수가 3임을 예상할 수 있다. 가장 왼쪽의 8처럼 숫자가 하나만 들어 있더라도 두 자리인 숫자들과 똑같이 취급한다. 88,246의 제곱근을 구해보면 실제로도 세 자리 수인 296이 나온다.

이처럼 두 자리씩 끊어서 표시를 하면 답이 몇 자리인지 예상할 수 있다는 것 외에 또 한 가지 이점이 있다. 계산법의 첫 번째 단계가 자동으로 해결된다는 점이다. 빗금 표시를 하면 맨 왼쪽의 숫자 한 개 혹은 두 개를 알 수 있고 거기서 답의 첫째 자리 숫자를 구할 수 있다. 88,246의 경우 빗금으로 나눠보면 계산의 첫 번째 단계는 맨 왼쪽에 있는 8에서부터 시작한다. 그리고 이 숫자보다 크지 않은 최대 제곱수의 원래 수 2를 찾는다. 3이 아닌 이유는 3 곱하기 3은 9이고 9는 8보다 크기 때문이다.

빗금 표시는 꼭 필요하다는 점을 명심해야 한다. 만약 첫 번째 단계에서 8이 아닌 88로 시작하게 되면, 답은 2가 아니라 9로 시작할 것이다(9의 제곱은 81이므로 88보다 작다). 따라서 오른쪽에서부터 두 자리씩 끊어서 빗금 표시를 하면 이런 실수를 예방할 수 있다.

방금 다룬 문제에서 제곱근의 자릿수 세 개를 구하는 방법은 이전과 다르지 않다. 앞서 나왔던 방식대로만 하면 세 자리 수, 네 자리 수의 제곱근을 구할 수 있다. 다른 점은 마지막 단계의 나머지를 찾는 부분이다. 답의 마지막 자리 숫자를 검산할 수 있기 때문에 이 과정이 필요하다. 여기서 가끔 앞으로 돌아가 답의 마지막 자리 숫자에서 1을 빼야 하는 경우도 있다. 하지만 계산의 맨 처음부터 생각하면 지금까지 했던 방법과 아주 비슷하다.

예제 1 : 207,936의 제곱근을 구해보자. 빗금 표시를 해보면 20/79/36이다. 계산은 20부터 시작해야 한다. 제곱근은 세 자리 수라는 것을 예상할 수 있다.

답의 첫째 자리 숫자 : 4 곱하기 4는 20보다 작지만 5 곱하기 5는 20보다 크다. 따라서 첫째 자리에 들어갈 숫자는 4이다.

$$\sqrt{2\ 0\ 7\ 9\ 3\ 6} = 4$$

```
   1 6
    4
  (20)
```

4의 절반은 2이다. 뒤에 0을 붙인다

답의 둘째 자리 숫자 : 20을 4로 나누면 5이다.

$$\sqrt{2\ 0\ 7\ 9\ 3\ 6} = 4\ 5$$

```
   1 6           (16  40  25)
    4             4 2 5
```

여기까지는 앞의 방식과 똑같다. 40은 4 곱하기 5를 두 배 한 것이고, 25는 5의 제곱이다. 제곱할 때는 두 자리 수 세 개를 구해 사용하지만, 제곱근을 구할 때는 뒤에 있는 두 개의 수만 사용한다. 4의 제곱 16은 위의 첫 번째 단계에서 뺄셈할 때 이미 사용했기 때문이다.

답의 마지막 자리 숫자 : 다음과 같이 425의 4를 위쪽 화살표 방향으로 뺄셈하고, 425의 2를 7에서 아래쪽 화살표 방향으로 뺀 수 5를 적는다.

$$\sqrt{2\ 0\ 7\ 9\ 3\ 6} = 4\ 5$$
$$1\ 6\ 07 \qquad\qquad 4\ 2\ 5$$
$$\qquad 4\ 5$$
$$\qquad (2\ 또는\ 3)$$
$$\qquad (20\ 또는\ 30)$$

5와 같은 홀수를 반으로 나눠야 할 때는 '절반보다 작은 수(2)'를 쓸지 '절반보다 큰 수(3)'를 쓸지 알 수 없는 경우가 생긴다. 이럴 때는 평균값을 쓴다. 2와 3 뒤에 0을 붙이면 20 또는 30을 얻는데, 둘 중에 어떤 수를 쓰는 것이 좋을까? 사실 어느 쪽을 택하더라도 곧 적합하지 않다는 것이 드러나기 때문에 계산이 틀리지는 않는다. 하지만 이때 평균값을 사용하면 더 쉽게 계산할 수가 있다. 즉 20과 30 중 하나를 선택하는 것이 아니라 두 수의 평균인 25를 쓴다. 이제 25를 답의 첫째 자리에 있는 4로 나눈다. 결과값인 6이 답의 마지막 자리 숫자가 된다.

$$\sqrt{2\ 0\ 7\ 9\ 3\ 6} = 4\ 5\ 6$$
$$1\ 6\ 07 \qquad\qquad 4\ 2\ 5$$
$$\qquad 4\ 5$$
$$\qquad (25)$$

답의 세 자리에 들어갈 숫자 세 개를 모두 구했다. 답이 두 자리 수인 문제를 풀 때와 같은 방법을 사용했다는 점에 주목하자. 평균값을 사용하는 것을 제외하고는 원래 주어진 수가 짧든 길든 모두 쓸 수 있는 방법이다.

이제 나머지를 구하고 검산을 해야 한다. 이 단계에서 새로운 기술이 하나 더 등장한다. 제곱을 구할 때 나왔던 것이라 전혀 생소하지는 않지만, 제곱근을 구하는 계산에서는 처음 나오는 방법이다. 바로 '열린 교차곱'이다. 열린 교차곱은 세 자리 수인 답의 첫째 자리 숫자와 마지막 자리의 숫자를 곱하는 것을 말한다. 456에서는 4와 6을 곱하면 된다. 그리고 나서 모든 교차곱에서 그랬던 것처럼 결과를 두 배 한다. 4 곱하기 6을 두 배 하면 48이다.

$$\sqrt{2\,0\,7\,9\,3\,6} = 4\,5\,6$$

```
    1  6 07              4 2 5           16 40 25
       4  5                 4 8         4 곱하기 6을 두 배
                         6 3 6           아래 참고
```

위 풀이에서 가장 아래쪽에 등장한 636은 56의 교차곱을 구해 자릿수를 계산한 것이다. 제곱근을 구할 때처럼 제곱을 구할 때 얻은 두 자리 수 세 개 중 첫 번째 것은 생략한다. 56의 교차곱 풀이는 다음과 같다.

```
     5   6
    60  36
    6 3 6
```

이 교차곱 계산은 연습을 통해 머릿속에서 하는 것이 좋다. 5 곱하기 6인 30을 두 배 하면 60이고, 60 36을 자릿수 계산을 통해 636이 되는 과정을 일일이 적지 않고 암산으로 쉽게 할 수 있어야 한다. 그리고 두 배 하기 과정은 절대 잊지 않도록 해야 한다.

나머지 구하기와 검산 : 아래 풀이와 같이 화살표대로 계산하여 답을 구한 다음, 바로 문제로 주어진 수의 남은 숫자들을 한 번에 모두 내려 적는다.

$$\sqrt{2\ 0\ 7\ 9\ 3\ 6} = 4\ 5\ 6$$

```
   1  6 07 19 3 6       4̸2̸5
       4  5               — 4̸8
                              6 3 6
```

425의 4와 2는 앞에서 이미 뺄셈하는 데 사용했기 때문에 지워둔다. 열린 교차곱인 48의 밑줄 그은 4를 화살표를 따라 계산한다. '5 빼기 4는 1'을 계산하는 동시에 48의 4도 지운다. 이제 남은 건 아래 숫자들이다.

```
       5
       8
     6 3 6
```

세로로 자릿수를 주의해서 더한다. 5 더하기 8 더하기 6은 19이다.

```
       5
       8
       6
     1 9 3 6
```

앞서 한꺼번에 내려 적었던 수 전체에서 1936을 뺀다.

$$\sqrt{2\ 0\ 7\ 9\ 3\ 6} = 4\ 5\ 6$$

```
        1 9 3 6
        1 9 3 6
       ─────────
       00  0  0
```

나머지는 0이다

456으로 나누어떨어지므로 207,936의 제곱근은 456이다.

예제 2 : 이번에는 풀이 과정을 간략히 하여 893,304의 제곱근을 구해보자.

$$
\begin{array}{r}
\sqrt{8\ 9\ 3\ 3\ 0\ 4} = 9\ 4 \\
8\ 1\ 13 \qquad\qquad (72\ \ 16) \\
8 \qquad\qquad\qquad \not{7}\ 3\ 6 \\
(40)
\end{array}
$$

7은 8에서 위 방향으로 뺄 때 이미 사용했기 때문에 지운다.

$$
\begin{array}{r}
\sqrt{8\ 9\ 3\ 3\ 0\ 4} = 9\ 4\ 5 \\
8\ 1\ 13 \qquad\qquad \not{7}\ \not{3}\ 6 \\
8\ 10 \\
(50)
\end{array}
$$

답의 5는 50을 9(94의 9)로 나눈 결과이다. 이제 답 전체를 구했으니 교차곱을 계산하고 원래 주어진 문제의 남은 숫자들을 모두 내려 적는다.

$$
\begin{array}{r}
\sqrt{8\ 9\ 3\ 3\ 0\ 4} = 9\ 4\ 5 \\
8\ 1\ 13\ 13\ 0\ 4 \qquad \not{7}\ \not{3}\ 6 \\
10\ 2\ 5 \\
8\ 10 \qquad\qquad\qquad \not{9}\ 0 \\
4\ 2\ 5 \\
2\ 7\ 9 \qquad 1\ 0\ 2\ 5
\end{array}
$$

나머지는 279이다. 계산 과정에 오류가 없고, 뺄셈이 불가능한 경우도 없었으며 나머지 279는 구해놓은 답 945에 비해 충분히 작다. 모든 과정이 이상 없으므로 제곱근은 945이다.

연습문제

이제 몇 개의 연습문제를 풀어보자. 뒤로 갈수록 난이도가 높아지지만 다음의 도움말을 참고하여 풀이 단계를 떠올리며 계산하면 된다.

1. 절반으로 나눠야 하는 수(피제수)가 홀수일 때는 평균값을 사용한다. 예를 들어 7은 반으로 나누면 3이나 4가 되는데, 뒤에 0을 붙여 30이나 40을 만든다. 답의 둘째 자리에 들어갈 숫자를 구하기 위해, 이 수를 답의 첫째 자리 숫자로 나눈다. 이때 30과 40 중에서 택하지 말고 두 수의 평균값인 35를 사용한다.
2. 절반으로 나눠야 하는 수가 0일 때, 답의 다음 자리에 들어갈 숫자를 0이 아닌 1로 하면 시간을 절약할 수 있다.
3. 답의 첫째 자리 숫자로 나눴을 때 답의 다음 자리 숫자가 10이 나오면 바로 9로 줄인다. 10이 될 리가 없기 때문이다. 실제 답은 8일 수도 있다.
4. 나머지가 답의 두 배보다 크면 답을 크게 해서 다시 계산해야 한다. 이런 경우는 자주 나올 수 있고, 매우 중요하다.

다음 수의 제곱근을 찾아보자.

1. **765**
2. **965**
3. **200**
4. **683**
5. **7,888**
6. **4,569**
7. **46,500**
8. **103,456**
9. **364,728**

아래 정답은 약간의 해설을 더했지만 실제 계산 과정과 유사한 방법으로 풀이하고 있다. 충분히 연습한 후에는 해설 부분을 생략하고 풀 수 있다.

선생님도 몰래 보는 스피드 계산법
제곱과 제곱근

1. $\sqrt{7\ 6\ 5} = 2\ 7$

       4 06 5   (28 _49)
           2 9   3 2 9
       3 3 6   ·나머지는 36
       (15)

2. $\sqrt{9\ 6\ 5} = 3\ 1$

                   (06 01)   앞의 도움말 2번 참고
       9 06 5   0 6 1
          6 1
       0   4   나머지

3. $\sqrt{2\ 0\ 0} = 1\ 4$

                 (08 16)   15에서 14로 줄여야 한다
       1 10 0   0 9 6
          9 6
       1   4   나머지
       (05)

4. $\sqrt{6\ 8\ 3} = 2\ 6$

                 (24 36)   처음 나오는 답 25는 나머지가 25의 두배인
       4 08 3   2 7 6   50보다 큰 58이기 때문에 26으로 다시 풀었다
          7 6
       2   7   나머지

5. $\sqrt{7888}$ = 8 8
                                 (128 64)
    6   4   18   8   13 4 4
                 4   4
    1   4   14   4   나머지는 144

6. $\sqrt{4569}$ = 6 7
                                 (84 49)
    3   6   16   9   8 8 9
             8   9
         9   8   0   나머지는 80
        (45)

7. $\sqrt{46500}$ = 2 1 5   *0에서 0을 빼면서 0을
                                        0̸ 4̸ 1   지운다. 두 번째 세로
    4   06   5   0   0   2̸ 0   줄에서는 6에서 4를
                 2   2   5   1 2 5   빼면서 4를 지운다
    0* 2   2   7   5   2 2 2 5
                                    나머지는 275

8. $\sqrt{103456}$ = 3 2 1
         9   03   14   5   6   1̸ 2̸ 4
                  10   4   1   0 6
         1   1   4   1   5   0 4 1
                                     나머지는 415

9.
$$\sqrt{3\ 6\ 4\ 7\ 2\ 8} = 6\ 0\ 3$$

```
  3  6  04  17  2  8      0̸ 0̸ 0
                 6  0  9      3̸ 6
        0  4  11  1  9      0 0 9
```
나머지는 1,119

일곱 자리 수와 여덟 자리 수의 제곱근

일곱 자리 수나 여덟 자리 수의 제곱근은 네 자리이다. 계산 과정은 두 자리, 세 자리 수와 비슷하다. 이제부터는 앞에서처럼 계산 과정을 하나하나 설명하지 않는다. 이 계산법에 익숙해지면 자기 자신의 취향에 맞춰 다양하게 변형시켜도 되고, 과정을 생략하면서 푸는 것도 가능하다. 머릿속에서 더 많은 단계를 암산할 수 있고 풀이 내용을 적지 않아도 돼서 간편해진다. 다음 예를 보자.

1. 답의 첫째 자리 숫자의 제곱수는 주어진 수의 첫째 또는 둘째 자리까지의 수보다 작은 수 중에서 가장 커야 한다.

$$\sqrt{1\ 0\ 3\ 4\ 5\ 6} = 3$$
```
       9
       1
```

변형 : 3을 찾고 제곱수 9를 빼는 과정을 암산으로 한다.

$$\sqrt{1\ 0\ 3\ 4\ 5\ 6} = 3$$
```
       1
```

2. 답의 다음 자리 숫자를 찾는 과정에서는 교차곱을 자릿수에 맞춰 계산한다.

$$\sqrt{1\ 0\ 3\ 4\ 5\ 6} = 3\ 2$$
$$\phantom{\sqrt{}}1 (12\ \ 04)$$

지금 다루는 예제에서 우리는 먼저 12, 04 같은 두 자리 수를 적은 다음 자릿수를 맞춰 더하는 작업을 했다. 하지만 실제 계산에서는 다 적지 않고 32에서 암산으로 124를 얻을 수 있게 된다. 단, 교차곱을 두 배 하는 것을 잊으면 안 된다.

3. 답을 다 구하고 나면 나머지를 계산해야 한다. 이 예제에서는 한 번 뺄셈으로 나머지를 구할 수 있다. 오른쪽의 숫자들 중 계산하고 남은 숫자들을 세로로 자릿수를 맞춰 더한 다음, 그 합을 원래 수의 남은 수에서 뺀다.

$$\sqrt{1\ 0\ 3\ 4\ 5\ 6} = 3\ 2\ 1$$

			14	5	6		✗	✓2	4
			10	4	1			∅	6
나머지:			4	1	5			0 4	1
								10 4	1

변형 : 뺄셈을 세로줄 하나씩 순차적으로 할 수도 있다. 다음과 같이 먼저 10을 빼고 그다음으로 4, 그다음에 1을 뺀다.

$$\sqrt{1\ 0\ 3\ 4\ 5\ 6} = 3\ 2\ 1$$

		14	45	416		✗ ✓2 4
	(−10)	(−4)	(−1)			∅ 6
나머지:	4	41	415			0 4 1
						10 4 1

계산법에 익숙해지면 321 밑에 작은 숫자를 써넣지 않아도 암산으로 계산할

수 있다. 암산을 하더라도 작은 숫자 전체를 암산하는 것이 아니라 한 번에 세로로 한 줄씩만 계산하면 된다. 세로줄을 계산하고 문제에서 남은 숫자에서 각각 자릿수를 맞춰 뺄셈하면 그 세로줄은 이제 잊어버려도 좋다. 하지만 꽤 많은 연습을 해야만 이런 수준이 될 수 있다.

일곱 자리 수와 여덟 자리 수도 모든 과정은 지금까지 해왔던 작은 자릿수 문제를 계산할 때와 같다. 끝에 약간 새로운 과정이 더해지는 것뿐이다. 다음 풀이를 살펴보자.

1. 답의 처음 세 자리의 수는 제곱근을 구할 때와 똑같은 방식으로 구한다. 예를 들어 10,323,369의 제곱근은 이제 살펴보겠지만 3,213이다. 답의 처음 세 자리 수는 321인데, 여기까지는 앞에서 계산했던 것과 동일하다.

$$\sqrt{1\ 0\ 3\ 2\ 3\ 3\ 6\ 9} = 3\ 2\ 1$$

```
 √1  0  3  2  3  3  6  9  =  3  2  1
    1 03                      ̶1̶ ̶2̶ 4
     1                           ̶0̶ 6
                                 0 4 1
```

하지만 세 자리 수 제곱근을 구할 때처럼 이제 나머지를 계산할 차례가 된 것은 아니다. 답의 마지막 자리를 더 구해야 한다.

2. 다음과 같이 답의 넷째 자리 숫자를 구한다. 앞에서 했던 것처럼 오른쪽 계산 숫자들에서 4, 6, 0의 세로셈으로 더해 10을 구하고, 십의 자리 숫자를 위 방향 화살표를 따라 뺀다.

```
 √1  0  3  2  3  3  6  9  =  3  2  1
    1 03 02                   ̶1̶ ̶2̶ 4
       ↗                        ̶0̶ 6
     1  (−1)                    0 4 1
```

다음으로 일의 자리 0을 아래 방향 화살표를 따라 뺀다.

$$\sqrt{1\ 0\ 3\ 2\ 3\ 3\ 6\ 9} = 3\ 2\ 1$$
```
      1  03 02                  1̸ 2̸ 4̸
               2                  0̸ 6̸
                                  0̸ 4 1
```

이제 4, 6, 0도 지운다. 10의 십의 자리, 일의 자리를 빼는 과정에서 사용했기 때문이다. 마지막으로 구한 2를 반으로 하고 뒤에 0을 붙여 10을 구하여, 답의 첫째 자리 수 3으로 나누면 3이 나온다. 이 3이 답의 마지막 자리 숫자자가 된다.

$$\sqrt{1\ 0\ 3\ 2\ 3\ 3\ 6\ 9} = 3\ 2\ 1\ 3$$
```
      1  03 02                  1̸ 2̸ 4̸
            1  2                  0̸ 6̸
              (10)                0̸ 4 1
```

3. 10,323,369에서 사용하지 않은 모든 숫자들은 나머지를 구하는 데 쓰인다. 여기서부터 추가 과정에 들어가는데, 답 아래쪽 계산 숫자들에는 세로줄을 더 늘려야 한다.

나머지를 구하기 전에 다른 문제로 한 번 더 연습해보자.

$$\sqrt{4\ 0\ 0\ 9\ 4\ 2\ 2\ 4} = 6\ 3\ 3\ 2$$
```
     3 6  10 19                 3 6̸ 9̸
         4  4  3                  3̸ 6̸
       (20)(20)(15)               1̸ 8 9
```

답의 처음 세 자리 수는 위에서 볼 수 있듯 633이다. 여기까지는 답이 세 자리 수인 제곱근을 구할 때와 동일하다. 이제 19에서 9, 6, 1의 세로줄 합계 16을 뺀 후 결과인 3을 절반으로 나눠야 한다. 그러면 1 또는 2가 나올 것이다. 뒤에 0을 붙일 때는 평균값을 취해서 15를 사용한다. 이 수를 633의 6으로 나누면 답의 마지막 자리에 들어갈 2를 구할 수 있다.

여기까지 충분히 연습이 되었으면, 다시 예제로 돌아가 나머지 구하는 방법을 알아보자.

나머지 구하기와 검산

1. 마지막 작업 숫자를 화살표 방향으로 올려 적고, 뒤에 문제에서 아직 사용하지 않은 숫자를 모두 그대로 내려 쓴다.

예제 1

$$\sqrt{1\ 0\ 3\ 2\ 3\ 3\ 6\ 9} = 3\ 2\ 1\ 3$$

```
   9  03  02 ↗2 3 3 6 9
   1   1   2
```

예제 2

$$\sqrt{4\ 0\ 0\ 9\ 4\ 2\ 2\ 4} = 6\ 3\ 3\ 2$$

```
3  6  10  19 ↗3 4 2 2 4
   4   4   3
```

위의 예제의 23369와 34224에서 각각 다음 단락에서 구할 수를 빼면 그 결과가 나머지가 된다.

2. 답 아래에 있는 작은 계산 숫자 표를 계산해서 나머지 구할 때 빼줄 숫자를 찾는다. 첫 번째 예제의 계산 숫자는 다음과 같다.

```
    3 2 1 3
  X̶ 2̶ 4̶
    0̶ 6̶
      0̶ 4 1
```

아직 답의 마지막 자리 숫자 3을 사용하지 않았다. 이제부터 하려는 계산은 마지막 자리의 3을 사용하는 작업이다. 3과 답의 다른 숫자와의 모든 가능한 교차곱을 계산하고, 3 자신도 제곱한다.

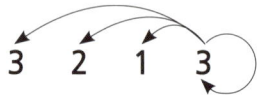

각각 순서대로 곱하면 9, 6, 3, 9이다. 하지만 제곱근 계산법에서 모든 교차곱은 두 배 하므로, 다음과 같은 계산 숫자가 나온다.

```
  1 8
    1 2
      0 6
        0 9
```

3213을 교차로 곱할 때처럼, 위의 수들도 왼쪽에서 오른쪽으로 한 단계씩 계산한다.

이 새로운 수들을 어떻게 원래의 숫자 표에 집어넣을까? 먼저 가장 처음 수인 18의 1을 원래 숫자 표의 지워진 세로줄 아래에 적는다. 여기서 6을 06으로 하는 것처럼 한 자리 수는 앞에 0을 붙여야 한다. 만약 첫 번째 숫자가 18이 아니라 8이라면 08로 적어야 한다. 세로줄에 올바르게 정렬시켜야 하기 때문에 이 과정은 중요하다. 따라서 첫 번째 예제는 다음과 같이 나타낼 수 있다.

```
        3  2  1  3
      × ̶2̶  4
        0̶ ̶6̶
        0̶  4  1
           1  8
           1  2
              0  6
                 0  9
 합 : ─────────────
        2  3  3  6  9
```

규칙을 정리해보자. 18(다른 문제에서 어떤 수가 나오든지)의 십의 자리가 마지막으로 지운 숫자 세로줄 아래에 오도록 한다. 18처럼 두 자리 수일 때는 자연스럽게 이 규칙을 따르면 되고, 6처럼 한 자리 수일 때는 06으로 바꿔 쓴다는 것을 기억하자. 가끔 이 수는 세 자리 수가 되기도 하는데, 만약 9 곱하기 7이라면 63이 되고 두 배 하면 126이다. 이럴 때는 역시 십의 자리를 마지막으로 지운 숫자의 세로줄 밑에 적어야 한다. 126에서는 2를 맞춰 적는다.

두 번째 예제를 살펴보자.

```
        6  3  3  2
      ̶3̶ ̶6̶  9
      ̶3̶  6̶
         ̶1̶  8  9
            2  4
            1  2
               1  2
                  0  4
         ─────────────
         3  4  2  2  4
```

이 숫자를 뺄셈하면 0이 된다. 두 예제 모두 나머지가 없이 나누어떨어졌지만, 실제 제곱근을 구하다보면 나머지가 없는 문제는 많지 않다.
다음 예제를 보자.

답은 2,160

$$\sqrt{9\ 9\ 8\ 7\ 6\ 3\ 4} = 3\ 1\ \cancel{5}\ 6\ \cancel{1}\ 0$$

```
   9 09 08  5 6 0 0      0 6̶ 1̶
   0  3 0  2 0 3 4       3 6̶
                         1̶ 5 6
                           0 0
                             0 0
                               0 0
                                 0 0
                         ─────────
                         5 6 0 0
```

나머지는 2,034

이 예제에서는 답의 둘째 자리 숫자를 구할 때, 0을 3으로 나누면 0인데도 답의 둘째 자리에 0이 아니라 1을 썼다. 다음에 오는 수가 9나 9처럼 큰 숫자이기 때문에 이러한 추측이 가능하다. 만약 추측이 틀렸다 해도 계산이 잘못 되지는 않는다. 틀린 숫자인 0으로 계속 계산해보면, 다음과 같이 된다.

$$\sqrt{9\ 9\ 8\ 7\ 6\ 3\ 4} = 3\ 0$$

```
      9 09
      0  9
        (45)
```

답의 셋째 자리에 들어갈 숫자를 구하려고 하니, 45를 3으로 나눠 15가 나왔다. 하지만 15는 두 자리 숫자이기 때문에 답의 셋째 자리에 들어갈 수 없다.

따라서 0을 1로 늘려 31로 놓고 계산해야 한다. 같은 방법으로 315의 5도 너무 작아 316으로 늘려야 한다.

8,724,321의 제곱근을 찾아보자. 8/72/43/21처럼 표시를 해보면 답이 네 자리 수인 것을 알 수 있고, 87이 아니라 8에서 시작해야 한다는 사실도 알 수 있다.

$$\sqrt{8\ 7\ 2\ 4\ 3\ 2\ 1} = \begin{array}{c} 2\ 9 \\ 4\ 4\ 1 \end{array}$$

```
      4 07
       ↗ ↓
      4  3
     (20) (15)
```

20을 2로 나누면 10이 되는데, 답의 둘째 자리에 들어갈 수 없으므로 10을 줄여 9를 적는다. 그러고 나면 15에 도달했을 때 답을 29까지 구할 수 있다. 15는 평균값이다. 15를 29의 2로 나눌 때는 3으로 나눈다는 점에 주의하자. 그 이유는 상식적으로, 29로 시작하는 수는 20보다 30으로 시작하는 수에 더 가깝기 때문이다. 따라서 9가 뒤에 붙는 2는 거의 3이라고 본다. 물론 그렇게 하지 않더라도 계산을 더 하다 보면 다시 수정하여 정답을 구할 수는 있다. 15를 3으로 나누어 그다음 자리의 숫자 5를 구했다. 끝까지 계산하면 아래와 같다.

$$\sqrt{8\ 7\ 2\ 4\ 3\ 2\ 1} = 2\ 9\ 5\ 3$$

```
   4 07 12 24  3  2  1      4̶4̶1̶
            20  2  0  9      2̶0̶
      4  3  2  4  1  1  2    9 2 5
              (10)             1 2
                               5 4
                               3 0
                               0 9
                              ─────
                              2 0 2 0 9
```

나머지는 4,112

자릿수가 더 많은 수의 제곱근 구하기

지금까지 다뤘던 수보다 자릿수가 더 많은 수들도 똑같은 원칙을 적용해 계산할 수 있다. 답의 첫 네 자리까지는 바로 앞에서 다뤘던 계산과 같다. 다섯째 자리도 같은 방식에서 조금 응용하여 구한다. 답이 다섯 자리라고 해도 답 밑에 계산 숫자를 써서 나머지를 구할 수 있긴 하지만, 이번에는 새로운 요소를 추가한다. 즉 답의 다섯째 자리 숫자와 다른 모든 자리의 수를 교차곱하고 다섯째 자리 숫자의 제곱을 숫자 표에 자릿수를 맞춰 더하는 과정이다. 언제나처럼 교차곱은 두 배 해야 하지만 다섯째 자리 숫자의 제곱은 두 배 하지 않는다.

872,079,961의 제곱근을 구해보자. 8/72/07/99/61로 나타낼 수 있으므로 제곱근은 다섯 자리이고 계산은 8에서부터 시작한다.

$$\sqrt{8\ 72\ 07\ 99\ 61} = 2\ 9\ 5\ 3$$

```
         4 07 12 10           4̶ 4̶ 1̶
         4  3  2  1           2 0̶
              (05)            9̶ 2 5
                              1 2
                                5 4
                                3 0
                                0 9
```

위쪽으로 뺀다
아래쪽으로 뺀다

1을 절반으로 나눌 때 평균값을 쓰면 위와 같이 05가 된다. 29의 2를 3으로 가정하여 05를 3으로 나누면 1 또는 2가 되는데, 둘 중에 하나를 선택해야 한다. 이 문제에서는 1이 맞는 숫자인데, 여기서는 틀린 숫자로 계산을 여러 번 하지 않고 바로 1을 써넣었다. 풀이를 살펴보자.

```
    √ 8   7   2   0   7   9   9   6   1  = 2  9  5  3  1
      4  07  12  10  17   9   9   6   1     4̶ 4̶ 1̶
                        17   9   9   6   1     2̶ 0̶
      4   3   2   1   나머지 없음                9̶ 2̶ 5
                                                1̶ 2̶
                                                 5̶ 4
                                                  3 0
                                                   0 9
                                                  0 4
                                                   1 8
                                                    1 0
                                                     0 6
                                                      0 1
                                              1 7 9 9 6 1
```

우리의 원칙에 따르면 오른쪽 숫자 표에서 사선을 이루는 수들, 즉 04, 18 등은 답의 마지막 자리 숫자를 다른 자리 숫자들과 교차곱 계산해서 두 배 하고 마지막 자리 숫자 자신을 제곱해서 얻은 수들이다. 또한 이전 문제에서처럼, 새로운 사선의 수들 중에서 첫 번째 수의 십의 자리(04의 0)는 마지막으로 지워진 세로줄 아래에 위치해야 한다.

실전에서는 위와 같이 길게 나열할 필요도 없고 연습을 통해 자신만의 방식을 찾아 계산하는 것이 가장 바람직하다. 두 자리 수들을 한꺼번에 자릿수에 맞춰 더하면 결과를 적을 때 편하고, 두 자리 수들을 각각 왼쪽 문제 세로셈의 남은 수에서 순차적으로 뺄 수도 있다.

검산

제곱을 구할 때나 제곱근을 구할 때의 검산법은 곱셈, 나눗셈과 상당히 비슷하다. 사실 제곱은 자기 자신과 곱해지는 특수한 형태의 곱셈이기 때문에, 곱셈과 같은 식으로 검산할 수 있다. 곱셈을 검산할 때는 곱해지는 숫자들의 자릿수 합과 답의 자릿수 합을 구하고 둘이 일치하는지를 살펴봐야 한다. 이 방법이 제곱 계산에도 그대로 적용된다. '32^2은 1,024와 같다.'를 예로 들어보자. 다음 풀이를 참고하면 쉽게 이해가 간다.

32의 자릿수 합은 3+2=5
1,024의 자릿수 합은 1+0+2+4=7

32의 제곱이 1,024라면 32의 자릿수 합을 제곱한 값이 1,024의 자릿수 합과 같아야 한다. 확인해보자. 32의 각 자리 숫자를 더하면 5가 된다. 제곱하면 25이고 다시 한 번 자릿수 합을 구하면 7이다. 여기서 자릿수 합을 구할 때는 반드시 한 자릿수가 나올 때까지 계속해야 한다는 점을 기억하자. 이 숫자를 1,024의 자릿수 합과 비교해보니 역시 7이다. 둘이 일치하므로 검산 결과 32^2=1,024는 올바르다.

제곱근의 검산

제곱근의 검산은 나눗셈의 검산과 거의 같은데, 제곱근을 구할 때의 계산과 거의 비슷한 방식의 역연산을 이용한다. 예를 들어 207,936의 제곱근은 456이고 나머지는 없다. 이 문제를 검산해보자.

$\sqrt{207936} = 456$

자릿수 합 :　　　0　　　　　6

6의 제곱은 36이다. 3과 6을 더하면 9이고 9는 0과 자릿수 합이 같다. 따라서 두 결과는 일치하고 계산이 옳다는 것이 확인되었다.

이 검산이 가능한 이유는 207,936의 제곱근이 456이며 456의 제곱이 207,936이기 때문이다. 하나가 참이면 나머지 하나도 참이다. 따라서 자릿수가 긴 수의 제곱근 계산을 검산하는 것보다 456의 제곱 계산을 검산하는 편이 더 쉽다. 0의 제곱근과 18, 27, 36의 제곱근 구별하지 못할 수도 있다. 모두 자릿수 합이 같기 때문이다. 어쨌든 이런 식으로 제곱근의 자릿수 합을 제곱할 수 있고, 이는 믿음직한 검산법이다.

나머지가 있는 경우는 어떨까? 나눗셈을 검산할 때와 똑같이 하는데, 나머지를 원래 수에서 빼거나 원래 수의 자릿수 합에서 나머지의 자릿수 합을 빼면 된다. 앞에서 풀었던 문제를 예로 들어보자.

$$\sqrt{46500} = 215$$

나머지 275

자릿수 합 :   6   8
   나머지 5
나머지를 뺀다 : 1

검산해보자. 8을 제곱하면 64인데 이것은 자릿수 합으로 1과 같다. 따라서 계산은 올바르다.

제곱근 계산 과정에서 우리는 계산하는 중간에 조금씩 검산을 해왔다. 그렇더라도 답과 나머지 전체에 대한 마지막 검산은 꼭 필요하다.

CHAPTER 7

 계산법의 대수적인 표현

다음 문제를 살펴보자.

한 목수가 널빤지를 주웠는데 너무 길어서 쓸 수가 없었다. 그래서 그는 톱을 가져와서 널빤지를 세 조각으로 잘랐다. 첫 번째 조각의 길이는 3미터였다. 두 번째 조각의 길이는 첫 번째 조각의 길이에 세 번째 조각 길이의 1/4을 더한 것과 같았다. 세 번째 조각은 나머지 두 조각 길이를 더한 것과 같았다. 원래 널빤지의 길이와 세 개로 자른 조각의 길이는 각각 얼마일까?

여러분이 퍼즐을 좋아한다면 이런 문제를 접한 적이 있을 것이다. 별로 특이할 것 없어 보이는 문제다. 답은 원래 널빤지가 16미터, 조각 세 개의 길이는 각각 3, 5, 8미터이다. 풀이는 나중에 살펴보겠다.

답을 맞히든 틀리든 상관없다. 여기서 우리는 퍼즐 푸는 방법을 이야기하려는 것이 아니기 때문이다. 대수학의 관점에서 볼 때 가장 이해하기 쉽고 좋은 예제라는 점이 중요하다. 이런 유형의 문제를 풀기 위해 필요한 것이 바로 대수학인데, 핵심은 우리가 '미지수 x'라고 부르는 것에 있다. 어떤 수를 구해야 하는 상황에서 문제를 풀기 전까지는 그 수가 얼마인지 알 수 없다. 따라서 당분간 x라는 일종의 가명으로 부르는 것이다.

물론 이것이 대수학의 전부는 아니다. 어떤 대수학은 순수 수학의 한 분야로 대수 이론의 다양한 구조를 다루는데, 그런 수학에서 위와 같은 문제를 풀거나 하지는 않는다. 또 다른 대수학은 문제 해결 유형의 대수학과는 다른, 매우 실용적인 가치를 가진 대수 적용을 다룬다. 우리는 이제 그 중의 하나를 사용해보려는 것이며, 이번 장 전반에 걸쳐 유용하게 쓰인다. 집합-기술적 관점을 바탕으로 하는데, 앞서 살핀 '미지수 x'로 접근하는 방법과는 다르다. 집합-기술적 관점의 수학은 어떤 개별 숫자 하나를 집어내지 않고 수 집합 전체를 한꺼번에 다룬다.

다음과 같은 상황을 생각해보자.

볼링 팀에 속해 있는 어떤 남성 그룹이 있고, 그들의 부인은 여성 볼링 팀에 속해 있다. A씨는 28세이고 그의 부인은 26세이다. B씨는 25세이고 그의 부인은 23세이다. C씨는 29세이고 그의 부인은 27세이다. D씨는 23세이고 그의 부인은 21세이다. 그리고 E씨는 24세이고 그의 부인은 22세이다.

이 숫자들을 어떻게 요약할 수 있을까? 여성 볼링 팀의 평균 나이가 남성 볼링 팀보다 두 살 어리다는 점은 눈치 챌 수 있을 것이다. 사실 남편은 모두 부인보다 두 살씩 나이가 많다. 남편들의 나이를 h로 표시하고 부인들의 나이를 w로 표시해 보자. 남편(husband)과 부인(wife)의 알파벳 첫 글자를 딴 것이다.

$$h = w + 2$$

이 식은 부인이 남편보다 각각 두 살씩 어리다는 것과 같은 말이다.

$$w = h - 2$$

같은 내용을 아래 첨자를 이용해 표현할 수 있다. a를 나이(age)를 뜻하는 표기로 하고 여기에 각각 남편, 아내를 뜻하는 아래 첨자 h와 w를 붙인다. 그러면 다음과 같이 표시된다.

$$a_h = a_w + 2$$

이런 표기가 얼마나 유용한지 알기 위해 다른 예를 들어보자. s가 점수(score)를 뜻한다고 해보자. 이는 각 팀의 개인이 한 경기에서 획득한 점수의 평균을 의미한다. 그러면 다음과 같은 관계를 알 수 있다.

$$s_h = s_w + 25$$

이 식은 각 남편들의 점수가 부인보다 25점 높았음을 보여준다. 이 방정식들이 집합의 모든 숫자들, 즉 팀의 모든 구성원들에 참인 관계를 나타낸다는 점이 중요하다. $h = w + 2$라고 썼을 때, 이것은 A 씨 부부에게 28 = 26+2라는 사실뿐만 아니라 B 씨 부부에게 25 = 23+2라는 사실 등을 모두 한꺼번에 가리킨다. 모든 특수한 상황을 포괄하는 일반적인 방정식인 것이다.

위의 간단한 예시 속에서 우리는 단어 대신 대수적 기호를 사용했다. '남편들은 모두 부인들보다 두 살씩 나이가 많다.'는 말도 이해하기 쉽다. 하지만 단어가 까다롭고 긴 복잡한 상황에서는 관계들을 이해하기 위해 기호로 표시하는 것이 좋다. 트라첸버그 계산법의 중요한 부분을 대수학의 언어로 나타내려고 할 때 우리가 부딪히는 상황이 바로 이런 복잡한 상황이다. 이번 장에서 우리가 할 일은 다음과 같다.

1. 앞으로 나올 것들을 이해하기 쉽게 설명하기 위해, 1장의 일부분을 이 새로운 관점으로 다시 살펴본다.
2. 대수학의 기본 체계에 대해 짧게 되새긴다. 이것은 트라첸버그 계산법에 포함되지는 않지만 대수학을 떠올리기 위한 것이므로 건너뛰어도 무방하다.
3. 이미 트라첸버그 계산법에서 설명한 계산 절차에 대수학의 기본 개념을 적용시킨다.

일반적인 숫자들

지금까지 우리는 숫자를 다양한 종류의 계산에 연결시켜 다뤘는데, 예를 들어 4,776 곱하기 63과 같이 특정 수와 숫자 쌍들을 사용했다. 앞 페이지에서 남편과 아내의 나이를 나타냈던 a_h와 a_w같은 기호를 쓰지는 않았다.

이제 우리는 숫자를 대체하는 문자의 도움을 받아 트라첸버그 계산법의 가장 중요한 부분을 살펴볼 것이다. 이렇게 하면 모든 숫자에 대해 한꺼번에 이야기할 수 있고, 우리가 계산에 사용하는 수들이 어떤 수인지에 상관없이 항상 올바른 계산을 할 수가 있다.

트라첸버그 계산법이 어떻게 작동하는지 알기 위해 이제부터 '수의 전개'를 사용한다. 이렇게 하면 어떤 수에서 각 자릿수의 역할을 알 수 있다. 357이라는 수를 생각해보자. 이 수는 3개의 100 더하기 5개의 10 더하기 7개의 1을 뜻한다.

$$3\ 5\ 7 = 3 \times 100 + 5 \times 10 + 7$$

704도 같은 형태로 쓸 수 있다.

$$7\ 0\ 4 = 7 \times 100 + 0 \times 10 + 4$$

화폐로 얘기하면 100달러짜리 7장에 10달러짜리는 없고 1달러짜리가 4장 있다는 말과 같다. 100 단위의(100에서 1000까지) 어떤 수라도 이와 같은 형태로 쓸 수 있다.

$$a \times 100 + b \times 10 + c$$

a, b, c의 문자 각각은 하나의 숫자를 나타낸다. 0부터 9 사이의 어떤 숫자라도 가능하다. 즉 서로 같든 틀리든 간에 a, b, c는 0에서 9까지의 숫자를 대체한다.

$$a = 7$$
$$b = 7$$
$$c = 7$$

a, b, c가 위와 같다면 예제는 777을 나타낸다.

$$7\ 7\ 7 = (7 \times 100) + (7 \times 10) + 7$$

더 긴 수들, 예컨대 여섯 자리 수도 똑같은 방식으로 적을 수 있다.

$$(a \times 100{,}000) + (b \times 10{,}000) + (c \times 1{,}000) +$$
$$(d \times 100) + (e \times 10) + f$$

×는 곱셈을 의미하는데, '$a \times 100$'은 '에이 곱하기 백'이라고 읽는다. 하지만 더 간편한 표시 방법도 있다. ×를 쓰지 말고 '$a \times 100$'을 '$100a$(백에이라고 읽는다)'라고 쓰는 편이 더 일반적인 방법이다. 간단히 옆에 붙여 쓰기만 해도 100과 a를 서로 곱했다는 뜻이 된다. 이런 식으로 하면 여섯 자리 수는 다음과 같이 표기할 수 있다.

$$100{,}000a + 10{,}000b + 1{,}000c + 100d + 10e + f$$

문자 대신 숫자를 썼던 기존 표기 방법으로 쓴다면 abc,def로 쓸 수 있다. 앞으로는 계산 과정을 설명할 때 위와 같은 전개식을 사용할 것이다.

필요하면 숫자 0을 더할 수도 있다. 그렇게 해도 원래 수의 값은 변하지 않는다. 곱셈을 다루는 장에서 그랬던 것처럼 숫자 앞에 여분의 0을 붙일 수 있다. 예컨대 357을 아래와 같이 바꿔 쓸 수 있다.

$$3\ 5\ 7 = (0 \times 1{,}000) + (3 \times 100) + (5 \times 10) + 7$$

어떤 숫자에 0을 곱해도 결과는 0이라는 점을 기억하자. 위 방정식에서 $(0 \times 1{,}000)$은 0이므로 더하든 말든 상관없이 원하는 대로 할 수 있다. 다만 우리는 이제부터 곱셈에 대해서 살펴볼 것이므로 0을 적도록 하자. 모든 세 자리 수는 아래와 같이 표현된다.

$$(0 \times 1{,}000) + (a \times 100) + (b \times 10) + c$$
$$\text{또는 } (1{,}000 \times 0) + 100a + 10b + c$$

11을 곱하는 법칙

이제 이 방법으로 곱셈에서 쓰였던 '11을 곱하는 법칙'을 검토해보자. 기억하겠지만 이 법칙은 간단히 '이웃 숫자를 더하라.' 이다. 이웃 숫자는 계산중인 어떤 숫자의 오른쪽 숫자를 말한다. 주어진 숫자 앞에 0을 붙이고 여기에도 11의 법칙을 적용해야 한다고 배웠다. 물론 주어진 원래 수의 마지막 자리 숫자(맨 오른쪽 숫자)는 이웃이 없으므로 더할 숫자가 없다. 이 법칙이 어떻게 작동하는지 파악하기 위해 네 자리 수를 예로 들어보자.

$$N = (0 \times 10{,}000) + (a \times 1{,}000) + (b \times 100) + (c \times 10) + d$$
$$= (10{,}000 \times 0) + 1{,}000a + 100b + 10c + d$$

이것은 모든 네 자리 수를 나타낸다. a, b, c, d는 각 자릿수의 값들을 의미한다. 모든 네 자리 수에 대해 한꺼번에 설명하기 위해 특정 숫자를 쓰지 않은 것이다. 이제 이런 일반적인 수와 11을 곱해볼 것이다. 그 전에 11은 10 더하기 1이라는 점을 기억하자.

$$11 = 10 + 1$$

따라서 어떤 숫자에 11을 곱한다는 것은 사실상 10을 곱하고 또 1을 곱해서 두 결과를 더하는 것과 같다.

$$3\ 5 \times 1\ 1 = 3\ 5 \times (10 + 1)$$
$$= (3\ 5 \times 10) + (3\ 5 \times 1)$$

하지만 어떤 숫자에 10을 곱한 값은 단순히 오른쪽에 0을 덧붙인 결과와 같다. 즉 35 × 10은 350이다.

$$3\ 5 \times 1\ 1 = 3\ 5\ 0 + 3\ 5 = 3\ 8\ 5$$

'10을 곱하려면 오른쪽에 0을 덧붙여라.'는 말은 원래 수의 값이 변하지 않도록 수를 전개하고 0을 덧붙인다는 뜻이다.

$$3\ 5 = (3 \times 10) + (5 \times 1) + 0$$

10을 곱해보자.

$$35 \times 10 = (3 \times 10) \times 10 + (5 \times 1) \times 10 + 0 \times 10$$
$$= (3 \times 100) + (5 \times 10) + 0$$
$$= 3\ 5\ 0$$

이제 같은 작업을 일반적인 네 자리 수에 적용해보자.

$$10 \times N = 10 \times (10,000 \times 0 + 1,000a + 100b + 10c + d)$$
$$= 100,000 \times 0 + 10,000a + 1,000b + 100c$$
$$+ 10d + 0$$

10을 곱하면 10, 100, 1,000에 각각 0을 덧붙이는 효과가 있다. 즉 모든 자리 숫자를 왼쪽으로 옮기고 0을 맨 오른쪽 끝에 두는 것이다.

이제 일반적인 숫자에 1을 곱해보자. 어떤 숫자에 1을 곱해도 값은 변하지 않는다.

$$1 \times N = 10,000 \times 0 + 1,000a + 100b + 10c + d$$

끝으로 $1 \times N$과 앞의 $10 \times N$을 더하면 $11 \times N$이 된다.

$$11 \times N = 100,000 \times 0 + 10,000a + 1,000b + 100c + 10d + 0$$
$$+ 10,000 \times 0 + 1,000a + 100b + 10c + d$$

윗줄의 각 항을 아랫줄의 각 항과 바로 더하면 다음과 같아진다.

$$11 \times N = 0 \times 100,000 + (a+0) \times 10,000 + (b+a) \times 1,000$$
$$+ (c+b) \times 100 + (d+c) \times 10 + d + 0$$

$a+b=b+a$라는 법칙은 어떤 a, b에 대해서도 항상 참이다. 예를 들어 3+5=5+3에서 양 변은 모두 8이다. 그러므로 위의 각 괄호 안의 문자들도 순서를 바꿀 수 있다. 그렇게 하면 $11 \times N$은 다음과 같이 된다.

$$11 \times N = 0 \times 100{,}000 + (0+a) \times 10{,}000 + (a+b) \times 1{,}000 \\ + (b+c) \times 100 + (c+d) \times 10 + d + 0$$

이 식이 바로 '11의 법칙'이다. 11을 곱하기 위해 각 자리 숫자를 차례대로 이웃 숫자와 더한다. 주어진 수가 a, bcd라고 할 때 a의 이웃 숫자는 b이며 b의 이웃 숫자는 c이다. 이웃 숫자를 더해보면, $11 \times N$의 방정식은 우리가 배웠던 11의 법칙과 일치한다는 것을 알 수 있다. 즉 이 법칙이 옳다는 것이 증명되었다.

그러면 앞쪽에 0을 두는 이유는 무엇일까? 받아올림이 있는 수를 계산하기 위해서이다. 대부분의 계산은 받아올림이 생긴다. 만약 b는 7이고 c는 8이라고 가정해보자. 답에는 항 $(b+c) \times 100$이 포함된다. 계산하면 $(7+8) \times 100$이고, 1000 더하기 500(또는 1,500)과 같다. 따라서 이 항은 답의 백의 자리뿐 아니라 천의 자리에도 관련되어 있다. 천의 자리에 1만큼을 더하는 것이고 바꿔 말하면 1을 받아올림하는 것이다. 답의 천의 자리 항은 위의 방정식에서 $(a+b) \times 1{,}000$이다. 하지만 $b=7$, $c=8$일 때 백의 자리 항에서 1을 받아올림해야 하므로 천의 자리는 $(a+b+1) \times 1{,}000$이 된다. 이는 15의 1을 그보다 윗자리로 받아올림해야 한다는 뜻이다.

주어진 원래 수가 9,000대이면 언제나 마지막 단계에서 1을 받아올림하게 된다. 이것이 바로 수의 앞쪽에 0을 두어야 하는 이유다. $a=9$, $b=8$이면 주어진 숫자는 9,800대이다. 여기에 11을 곱해보자. 천의 자리에 어떤 숫자가 들어가는가? $a+b=9+8=17$이고 만약 c가 큰 숫자라면 받아올림한 수도 있을 것이다. 즉 최소한 17이다. 적어도 1을 받아올림해야 하고 어쩌면 2를 받아올림할 수도 있다. 그러면 만의 자리에는 어떤 숫자가 들어가게 될까? $0+a+1$ 또는 $0+a+2$일 것이다. 예시에서 $a=9$이므로 10 또는 11이다. 어떤 경우라도 1이 십만의 자리로 넘어간다. 십만의 자리는 $(0+1)\times 100{,}000$으로 표현된다. 주어진 숫자 앞에 0을 붙이면 받아올림한 1이 들어갈 자리가 생긴다. 하지만 이런 장치가 있어도 실수할 위험은 있다. 만약 받아올림한 숫자를 잊어버렸다면 답은 당연히 틀릴 것이다.

위 설명은 모든 네 자리 수에 해당된다. 다섯 자리 수나 더 큰 수들은 어떨까?

1. 주어진 수가 네 자리 수보다 크더라도, 같은 방법이 모든 수에 적용된다. 예를 들어 다섯 자리 수는 문자 하나가 더 들어간다. $ab{,}cde$와 같이 표기된다. 하지만 여기에 10을 곱하고 자기 자신을 더한 후 $(a+b)$처럼 문자를 둘씩 묶는 방식은 모두 동일하다. 따라서 몇 자리 수가 되든지 동일한 규칙이 적용된다.
2. 수가 얼마나 길든 모든 것을 깔끔하게 정리할 수 있는 표기법이 있다. 지금 단계에서는 아직 필요하지 않기 때문에 조금 뒤에서 다룰 것이다.

대수적인 조작

$1{,}000a+100b+10c+d$ 같은 대수적 수식을 적고 나면 이 상태로는 새로운 정보를 얻을 수 없다. 뭔가 수식에 변화를 주어야 한다. 앞에서 11을 곱했던 것처럼 다른 식과 결합될 수도 있고, 또는 다른 방식으로 바꿀 수 있다. 어떤 변화를 가하든, 그것은 '대수적 조작'이라는 이름으로 불린다.

소괄호나 대괄호로 묶기

우리는 바로 앞에서 11을 곱하는 문제를 풀면서 이미 괄호로 묶기를 했다. $(a+b)\times 1{,}000$ 또는 이와 비슷한 식을 다뤘기 때문이다. a가 2이고 b가 3일 때를 살펴보자. $a+b$는 5이므로 $(a+b)\times 1{,}000$은 5,000이 된다. 이것이 자연스럽고 편리한 방식이다. 하지만 조심해야 한다. 복잡한 식을 다룰 때는 규칙을 기억하고 기본적인 내용을 완벽히 이해하지 않으면 실수하기 쉽다.

소괄호나 대괄호를 쓸 때 알아야 할 기본적인 사항은 단 하나다. 괄호 안에 있는 것들을 하나의 숫자로 생각해야 한다는 점이다. 이는 문자로 된 기호를 사용하는 것과 같은 맥락이다. 예컨대 2×(5+1)을 보자. 5+1은 소괄호 안에 있으므로 하나의 단위로 보아야 한다. 그리고 나서 (5+1)은 그에 해당하는 수인 6으로 대체한다. 정리하면 다음과 같이 된다.

$$2 \times (5 + 1) = 2 \times 6 = 12$$

2×(5-1)처럼 소괄호 또는 대괄호 안에 뺄셈이 있다면 어떨까? 이때도 마찬가지이다.

$$2 \times (5 - 1) = 2 \times 4 = 8$$

소괄호는 ( ), 대괄호는 [ ]이고 아래처럼 소괄호는 대괄호 안에 있다.

$$2 \times [(5 + 1) - (3 - 2)]$$

여기에서 염두에 두어야 할 원칙은 괄호로 둘러싸인 계산은 하나의 수로 간주한다는 점이다. 가장 안쪽 소괄호부터 시작한다. 즉 대괄호 안의 수가 얼마가 될지 모르기 때문에 [(5+1)-(3-2)]을 곧장 계산할 수 없다. 5+1, 3-2처럼 가장 알기 쉬운 것부터 시작한다. 전자는 6, 후자는 1로 대체한다. 즉 다음과 같이 바꿔 쓸 수 있다.

$$2 \times [(5 + 1) - (3 - 2)] = 2 \times [6 - 1]$$

여기까지 진행했다면, 거의 끝난 것이다. 왜냐하면 6-1은 5이고 따라서

$$2 \times [(5 + 1) - (3 - 2)] = 2 \times [6 - 1]$$
$$= 2 \times 5$$
$$= 10$$

이처럼 다음 법칙을 이끌어낼 수 있다. '가장 안쪽에서부터 계산을 시작하라.' 그러나 숫자 대신 문자를 넣으면 약간 달라진다. 실제로 계산을 해서 괄호를 제거할 수 없기 때문이다. 예를 들어 $(a+b) \times 1,000$은 a나 b에 특정 값이 없기 때문에 덧셈을 해서 간소화할 수 없다. 이럴 때는 보통 형태 그대로 내버려두지만, 또 다른 방법으로 괄호를 없애면 편리해진다.

$$2 \times (5 + 1) = 2 \times 5 + 2 \times 1$$

괄호가 없어졌다. 괄호 안에 각각 2를 곱한 것이다. 이렇게 하면 올바른 결과를 얻을 수 있다.

$$2 \times (5 + 1) = 2 \times 5 + 2 \times 1$$
$$= 10 + 2$$
$$= 12$$

여기서 12는 앞에서 2 곱하기 6을 했을 때와 같은 결과다. 문자를 사용하면 다음과 같다.

$$a(x + y + z) = ax + ay + az$$

좌변은 $x+y+z$의 합에 a를 곱했음을 뜻한다. 우변은 세 개의 문자에 a를 따

로따로 곱했다는 의미다. 만약 $a=3$이고 $x=5$, $y=2$, $z=4$라고 가정하면, 결과는 다음과 같다.

$$3(5 + 2 + 4) = 3 \times 5 + 3 \times 2 + 3 \times 4$$
즉
$$3 \times 11 = 15 + 6 + 12$$
$$33 = 33$$

결국 곱하는 수를 각 항에 개별적으로 곱하면 위와 같이 항상 올바른 결과를 얻게 된다.

덧셈 부호만 있다면 괄호를 없애기만 하면 되므로 매우 간단하다.

$$2 + (5 + 1) = 2 + 5 + 1$$
즉
$$2 + 6 = 7 + 1$$
$$= 8$$

괄호 안에 뺄셈이 있어도 문제는 없다. 그대로 괄호를 없애기만 하면 된다.

$$2 + (5 - 1) = 2 + 4$$
$$2 + 4 = 6$$

뺄셈 부호가 괄호 밖 예컨대 전체 괄호 앞에 있다고 할 때 괄호 안을 하나의 수로 간주하면 문제가 생기지 않는다. 하지만 괄호를 제거할 때는 괄호 안의 모든 부호를 반대로 해야 한다. 다음과 같이 덧셈 부호는 모두 뺄셈 부호로, 뺄셈 부호는 모두 덧셈 부호로 바꾸는 것이다.

$$8 - (5 - 1 + 3 - 2) = 8 - 5 + 1 - 3 + 2$$

좌변에는 두 개의 뺄셈(-1, -2)와 덧셈 하나(+3)가 있다. 5는 앞에 덧셈 부호가 생략되어 있는 것으로 여긴다. 어떤 숫자 앞에 덧셈이나 뺄셈 부호가 없다면, 그 숫자는 덧셈 부호가 있는 것으로 간주한다.

좌변을 계산하면 다음과 같다.

$$8 - (5 - 1 + 3 - 2) = 8 - (4 + 1) = 8 - 5 = 3$$

그리고 우변은 다음과 같다.

$$8 - 5 + 1 - 3 + 2 = 3 + 1 - 3 + 2 = 3$$

좌변과 우변의 결과가 모두 3이므로 방정식은 참이다. 동일한 상황을 문자로 표기하면 아래와 같다.

$$a - (m - n + s - t) = a - m + n - s + t$$

원한다면 반대로도 할 수 있다. 괄호를 없애는 대신에 문제를 더 쉽게 풀기 위해 괄호가 없던 곳에 괄호를 집어넣을 수도 있다. 괄호를 없애든 새로 만들든 다음과 같은 성질을 지켜야 한다.

$$2(a + b + c) = 2a + 2b + 2c$$

좌변과 우변의 식은 서로 동일하고 문제나 계산에서 서로 대체될 수 있다. 즉 문제를 푸는 과정에서 $2a + 2b + 2c$라는 식이 나오면 바로 $2(a+b+c)$로 바꿀 수 있다. 이렇게 2를 괄호 밖으로 뽑아내는 작업은 꽤 쓸모가 많다.

우리는 종종 다음과 같은 형태의 수식과 마주치게 된다.

$$\text{덧셈}: \quad (a+d)+(c-d)$$
$$\text{뺄셈}: \quad (a+b)-(c-d)$$
$$\text{곱셈}: \quad (a+b)(c-d)$$

마지막 수식은 $(a+b) \times (c-d)$와 완전히 똑같은 것이지만, 숫자가 아닌 문자를 쓸 때는 보통 곱셈 기호를 생략한다. 위 수식은 모두 기본적으로 두 단계를 거쳐야 한다.

1. 괄호 한 쌍을 제거하고 나머지 하나는 그대로 둔다. 즉 괄호 두 개 중 하나만 없앤다.
2. 두 번째 괄호 쌍을 제거한다. 예를 들어 간단한 덧셈일 때는 다음과 같다.

$$\text{덧셈}: \quad (a+d)+(c-d) = a+b+(c-d) \quad\quad (c-d)\text{를 그대로 둔다}$$
$$= a+b+c-d$$

$$\text{뺄셈}: \quad (a+b)-(c-d) = a+b-(c-d) \quad\quad d\text{의 부호가 바뀐다}$$
$$= a+b-c+d$$

$$\text{곱셈}: \quad (a+b) \times (c-d) = (a+b)(c-d) \quad\quad (c-d)\text{를 그대로}$$
$$= a(c-d)+b(c-d) \quad\quad\quad\quad \text{하나의 수라고 생각한다}$$
$$= ac-ad+bc-bd$$

방정식

방정식을 변형하기 위해 우리는 다양한 형태에 적용되는 간단한 원칙 하나를 잘 활용해야 한다. 그 원칙은 기본적으로 다음과 같다. 좌변에 어떤 식이 적혀 있든 그것은 일정한 값을 나타내는 하나의 방식이고, 우변에 뭐라고 적혀 있든 그것은 동일한 값을 나타내는 또 다른 방식이다. 다음 방정식을 보자.

$$a + 2b - 1 = 15$$

이 식은 $a + 2b - 1$이 15라는 값을 가진다는 의미다. $a + 2b - 1$을 두 배로 하든 1을 더하든, 같은 값을 유지하기 위해서는 우변의 15에도 같은 조작을 해야 한다.

$$a + 2b - 1 = 15$$
두 배 하기 : $\quad 2(a + 2b - 1) = 30$
1 더하기 : $\quad a + 2b - 1 + 1 = 16$
제곱하기 : $\quad (a + 2b - 1)(a + 2b - 1) = 15 \times 15$

다시 말하면, 어떤 방정식이든 좌변에서 한 작업은 우변에도 똑같이 해야만 한다. 다만 좌변에 있는 모든 항은 항상 하나의 값으로 묶어서 취급해야 하고, 우변도 그렇게 해야 한다. 좌변과 우변 전체에 괄호가 있는 것처럼 다룬다는 뜻이다. 위와 같이 두 배로 할 때나 제곱할 때 전체 변에 곱셈을 한다.

지금까지의 내용을 토대로 아래처럼 더 나아간 조작을 할 수도 있다.

방정식을 두 배 하기 : $\quad 2a + 4b - 2 = 30$
방정식에 1 더하기 : $\quad a + 2b = 16$
방정식을 제곱하기 : $\quad (a + 2b - 1)^2 = 225$

마지막 방정식에는 2가 괄호 위에 작게 적혀 있는데, 이런 표기는 앞 장에서 제곱이나 제곱근을 다룰 때 보았던 것이다. ^{2}는 '~의 제곱'이라고 읽는다. 이 기호는 같은 수나 식을 한 번 더 곱하라는 의미를 갖고 있다. 7^2은 7에 7을 곱한 49이다. 7을 두 번 곱하므로 ^{2}를 사용한다.

방정식의 양 변에 같은 조작을 한다는 기본적인 원칙은, '같은' 것이 무엇이냐에 따라 몇 가지 형식으로 나뉜다. 다음 두 가지는 특히 유용하다.

1. 방정식의 양 변에 같은 숫자를 더하거나 뺀다. 뺄셈은 음수를 더하는 것과 같다.

$$x - 1 = 5$$

양 변에 1을 더하면 다음과 같다.

$$x - 1 + 1 = 5 + 1$$
$$x = 6$$

이 작업은 보통 '수를 다른 쪽으로 이항한다.'라고 표현한다. 사실상 우변 $x-1$의 1을 이항해서 5에 더한 것과 마찬가지이다. 좌변에서 -1이지만 우변에서는 +1이다. 항상 이런 방식이므로 이항할 때는 부호가 바뀐다는 규칙으로 기억하자.

위 예에서 $x-1$이 $x-1+1$ 즉 $x+0$이 되는 과정을 이해하고 나면 암기하지 않고도 자연스럽게 체득할 수 있다. 좌변의 -1을 없애기 위해 1을 더한 것이다. 또 양 변을 같게 만들기 위해 우변에도 1을 더했다. 같은 방식으로 어떤 항, 어떤 방정식이든 등호의 반대편으로 이항할 수 있다.

2. 방정식의 양 변에 같은 숫자를 곱하거나 나눈다.

$$3 + 4 = 7$$
$$5 \text{ 곱하기}: \quad 5(3 + 4) = 35$$
$$5 \times 7 = 35$$
$$15 + 20 = 35$$

대수학에서도 우리가 지금 한 것과 같이 문자를 숫자 대신 쓰는 방식을 사용한다.

$$x^2 + x + \frac{3}{4} = \frac{7}{4}$$

4 곱하기: $\quad 4(x^2 + x + \frac{3}{4}) = 4 \times \frac{7}{4} = 7$

$$4x^2 + 4x + 3 = 7$$

분수를 제거하여 방정식의 형태를 간단하게 만들었다. 바꾼 방정식은 분수가 있던 원래의 방정식과 같은 것이지만 조작을 거친 후의 방정식이 더 다루기 쉽다.

예제 1: 이번 장을 시작하면서 널빤지에 관한 퍼즐 하나를 제시했다. 이제 대수학을 이용해서 풀어보자. 이 문제에는 세 널빤지의 길이라는 세 가지 요소가 있다. 그 요소를 수라고 생각하고 성질을 정리해보자.

1. 첫 번째 수는 3이다.
2. 두 번째 수는 첫 번째 수에 세 번째 숫자의 $\frac{1}{4}$을 더한 값이다.
3. 세 번째 수는 다른 두 수를 합친 것과 같다.

세 수를 각각 x, y, z 라고 부르자. 위 성질은 다음과 같이 쓸 수 있다.

1. $x = 3$
2. $y = x + \frac{1}{4}z$
3. $z = x + y$

먼저 방정식 $x = 3$을 이용해서 x를 소거하자. 나머지 두 방정식의 x 자리에 3을 대입한다.

2. $y = 3 + \frac{1}{4}z$
3. $z = 3 + y$

이제 이 새로운 식 2의 y를 식 3의 z에 대입해서 y를 소거한다.

$$3.\ z = 3 + (3 + \tfrac{1}{4}z)$$
$$= 6 + \tfrac{1}{4}z$$

분수는 정수보다 다루기 불편하므로 분수를 없애기 위해 양 변에 각각 4를 곱한다.

$$4z = 4 \times 6 + 4 \times \tfrac{1}{4}z$$
$$4z = 24 + z$$

양 변에서 z를 뺀다(z를 이항).

$$4z - z = 24 + z - z$$
$$3z = 24$$

양 변을 3으로 나누면 z의 값을 얻게 된다.

$$z = 8$$

y는 얼마일까? 식 3을 이용해서 알아낼 수 있다.

$$z = 3 + y$$
$$8 = 3 + y$$

양 변에서 각각 3을 뺀다.

$$5 = y$$
$$y = 5$$

이 문제에서는 x가 3이라고 이미 주어졌기 때문에 값을 알고 있다. x값이 주어지지 않았을 때는 방금 구한 z, y값으로 x를 구하면 된다. 정답은 다음과 같다.

$$x = 3$$
$$y = 5$$
$$\underline{z = 8}$$

따라서 널빤지의 총 길이는 16이다.

예제 2 : 한 숙녀가 진주 목걸이를 하고 있었다. 그런데 애인과 티격태격하다가 그만 목걸이가 끊어져 진주의 3분의 1이 바닥에 떨어졌다. 4분의 1은 침대에, 20개는 목걸이 줄에 남아 있었다. 목걸이의 진주는 원래 몇 개였을까? 줄이 끊어지기 전 진주의 개수를 x라고 하면 진주의 전체 개수는 아래와 같이 표현할 수 있다.

끊어지기 전 $= x$

끊어진 후 $= \dfrac{1}{3}x + \dfrac{1}{4}x + 20$

전체 진주알 개수
$\dfrac{1}{3}$은 바다, $\dfrac{1}{4}$은 침대, 20개는 목걸이 줄

끊어지기 전과 후 진주의 총 개수는 같아야 한다. 이를 등호로 나타내보자.

$$x = \dfrac{1}{3}x + \dfrac{1}{4}x + 20$$

12를 곱해서 분수를 없앤다.

$$12x = 12 \times \dfrac{1}{3}x + 12 \times \dfrac{1}{4}x + 12 \times 20$$
$$12x = 4x + 3x + 240 = 7x + 240$$

방정식의 양 변에서 7x를 뺀다.

$$5x = 240$$
$$x = 48$$

목걸이에는 원래 48개의 진주가 꿰어져 있었다. 진주의 개수 48을 위 문제의 설명 속에 대입해보면 맞는지 틀린지 쉽게 확인할 수 있다.

대수학으로 본 트라첸버그 계산법

6을 곱하는 법칙

대수적 조작의 방법으로 6을 곱하는 법칙을 비롯한 다른 계산법이 실제로 옳은 답을 이끌어내는지 확인해보자. 어떻게 각 법칙이 정답에 이르는지 보여주는 동시에 문제에 담긴 원리를 이해할 수 있으므로 흥미로울 것이다.

6을 곱하는 법칙은 '이웃의 절반을 더하고, 만약 홀수이면 5를 추가해서 더한다.'이다. 여기서 홀수는 이웃이 아닌 대상 숫자가 홀수일 때를 의미한다. 이렇게 하면 6을 곱하는 효과가 있다. 이 법칙을 증명하기 위해 6을 특별한 방식으로 적어보겠다.

$$6 = 5 + 1$$
$$6 = \frac{1}{2} \times 10 + 1$$

이렇게 6을 바꿔 적는다. 6에 곱할 수는 어떻게 표현할까? 곱하려는 수를 N이라고 하면 첫째 자리 숫자를 a, 나머지 자리 숫자를 b, c, d로 가정하고 다음과 같은 방식으로 적을 수 있다.

$$N = a\,b\,c\,d$$
$$N = a \times 1{,}000 + b \times 100 + c \times 10 + d$$
$$= 1{,}000a + 100b + 10c + d$$

N을 네 자리 수로 표현했지만 그저 임의의 수를 나타낸 것뿐이다. 다섯 자리 수라고 해도 10,000 곱하기 a로 시작해서 위와 같이 적을 수 있다.

이제 숫자 N에 6을 곱한다. 혼동을 막기 위해 두 숫자 사이에 점을 찍어 곱셈을 나타낸다. 예를 들어 5 곱하기 7을 5·7로 표시하는 것이다. 이 긴 수에 6을 곱해보자.

$$6 \cdot N = (\frac{1}{2} \cdot 10 + 1) \cdot N$$
$$= \frac{1}{2} \cdot 10 \cdot N + N$$

6은 $\frac{1}{2}$ · 10 + 1과 같기 때문이다

괄호를 없앤다

N 자리에 위의 전개식을 대입한다.

$$6 \cdot N = \frac{1}{2} \cdot 10 \cdot (a \cdot 1,000 + b \cdot 100 + c \cdot 10 + d)$$
$$+ 1 \cdot (a \cdot 1,000 + b \cdot 100 + c \cdot 10 + d)$$

방정식의 괄호 두 개를 없애면 다음과 같다.

$$6 \cdot N = \frac{1}{2} \cdot 10 \cdot a \cdot 1,000 + \frac{1}{2} \cdot 10 \cdot b \cdot 100 + \frac{1}{2} \cdot 10 \cdot c \cdot 10$$
$$+ \frac{1}{2} \cdot 10 \cdot d + a \cdot 1,000 + b \cdot 100 + c \cdot 10 + d$$

등호 다음에 나오는 첫째 항은 10과 1,000을 곱해서 10,000으로 정리한다.

$$\frac{1}{2} \cdot 10 \cdot a \cdot 1,000 = \frac{1}{2} \cdot a \cdot 10,000$$

다른 항들도 같은 방법으로 곱셈하여 정리하면 다음과 같다.

$$6 \cdot N = \tfrac{1}{2} \cdot a \cdot 10{,}000 + \tfrac{1}{2} \cdot b \cdot 1{,}000 + \tfrac{1}{2} \cdot c \cdot 100 + \tfrac{1}{2} \cdot d \cdot 10$$
$$+ a \cdot 1{,}000 + b \cdot 100 + c \cdot 10 + d$$

이제부터가 중요한데, '어떤 것 곱하기 1,000'의 형태로 된 항 두 개를 묶어 재배열하는 것이다. 100을 곱한 항도 묶고 나머지도 모두 이런 식으로 묶는다.

$$6 \cdot N = \tfrac{1}{2} \cdot a \cdot 10{,}000$$
$$+ \tfrac{1}{2} \cdot b \cdot 1{,}000 + a \cdot 1{,}000$$
$$+ \tfrac{1}{2} \cdot c \cdot 100 + b \cdot 100$$
$$+ \tfrac{1}{2} \cdot d \cdot 10 + c \cdot 10$$
$$+ d$$

이제 앞에서 했던 것처럼 괄호를 넣어준다. 위 식 둘째 줄에 두 항을 더하는 형태가 있는데, 모두 1,000을 곱하고 있다. 이 1,000을 뽑아내고 남은 것을 괄호 안으로 넣는다.

$$\tfrac{1}{2} \cdot b \cdot 1{,}000 + a \cdot 1{,}000 = (\tfrac{1}{2} \cdot b + a) \cdot 1{,}000$$

다른 줄도 같은 방법으로 정리한다.

$$6 \cdot N = \tfrac{1}{2} \cdot a \cdot 10{,}000$$
$$+ (a + \tfrac{1}{2} \cdot b) \cdot 1{,}000$$
$$+ (b + \tfrac{1}{2} \cdot c) \cdot 100$$
$$+ (c + \tfrac{1}{2} \cdot d) \cdot 10$$
$$+ (d + \tfrac{1}{2} \cdot 0) \cdot 1 \quad \text{어떤 수에 0을 곱해도 0이므로}$$

분명한 패턴이 나타난다. 패턴을 완벽하게 만들기 위해 $\frac{1}{2} \cdot 0$을 더했다. 0을 더하는 것은 그 수를 증가시키지도 감소시키지도 않기 때문에 그냥 0을 더해도 된다.

하지만 아직 완벽하지는 않다. 첫째 줄에 0을 더하면 완벽해질 것이다. $\frac{1}{2} \cdot a \cdot 10,000$ 대신에 $0 + \frac{1}{2} \cdot a \cdot 10,000$을 넣는다.

$$6 \cdot N = (0 + \frac{1}{2} \cdot a) \cdot 10,000$$
$$+ (a + \frac{1}{2} \cdot b) \cdot 1,000$$
$$+ (b + \frac{1}{2} \cdot c) \cdot 100$$
$$+ (c + \frac{1}{2} \cdot d) \cdot 10$$
$$+ (d + \frac{1}{2} \cdot 0) \cdot 1$$

이것은 곧 '6을 곱하는 법칙'이다. 원래 어떤 수 N을 보통 방식으로 나타내면 네 자리 수인 a,bcd의 형태(a부터 천의 자리, 백의 자리, 십의 자리, 일의 자리)이다. 곱셈의 답에서는 천의 자리에 $(a + \frac{1}{2} \cdot b) \frac{1}{2} \cdot 1,000$이 있다. 이는 원래 자리 수에 오른쪽 이웃 숫자의 절반 ($\frac{1}{2} \cdot b$)을 더한 숫자이다. 같은 방식으로 다른 모든 자리에서도 오른쪽 자리 수의 절반이 더해졌다.

N이 각 자리 수가 2나 6처럼 짝수로만 이루어져 있으면 여기까지가 끝이다. 하지만 자리 수가 3이나 7일 때는 어떻게 될까? 6을 곱하는 법칙에서는 '이웃 숫자의 절반을 더하고 홀수이면 5를 추가해서 더한다.'고 했는데, 이런 경우에는 7의 절반이라든가 하는 형태이기 때문에 $\frac{1}{2} \cdot a$, $\frac{1}{2} \cdot b$ 등 분수식이 들어가게 된다.

우리는 그런 분수식을 다음과 같이 처리할 것이다. 어떤 자리의 수, 예컨대 b가 홀수이면 그 숫자 대신에 홀수를 나타내는 $2n+1$을 넣는다. 예를 들어 7은 $2 \cdot 3 + 1$이고 9는 $2 \cdot 4 + 1$이다. 여기서 n은 홀수의 작은 절반이다. 위의 식에서

b에 $2n+1$을 대입해보면 같은 형식이 다른 수에도 적용된다는 것을 짐작할 수 있다.

$$6 \cdot N = (0 + \frac{1}{2} \cdot a) \cdot 10{,}000$$
$$+ (a + n + \frac{1}{2}) \cdot 1{,}000$$
$$+ (2n + 1 + \frac{1}{2} \cdot c) \cdot 100$$
$$\cdots$$

$$= (0 + \frac{1}{2} \cdot a) \cdot 10{,}000 + (a + n) \cdot 1{,}000 + 500$$
$$+ (2n + 1 + \frac{1}{2} \cdot c) \cdot 100$$
$$\cdots$$

$$= (0 + \frac{1}{2} \cdot a) \cdot 10{,}000 + (a + n) \cdot 1{,}000$$
$$+ (b + \frac{1}{2} \cdot c + 5) \cdot 100 \quad (b\text{를 } 2n+1\text{로 대체한다})$$
$$\cdots$$

즉 법칙에서 말하는 대로 작은 절반을 이용하고 5를 더하면 된다는 것을 알 수 있다. 이것으로 법칙은 증명되었다.

여기서는 '6을 곱하는 법칙'을 명확하게 증명하기 위해 모든 과정을 상세히 적었다. 하지만 이런 과정을 비슷한 다른 법칙에도 반복할 필요는 없다. 트라첸버그 법칙들은 쓰이는 방법이 서로 비슷하기 때문이다. 6을 곱하는 법칙이 이해되었다면, 앞으로 다른 법칙을 증명할 때는 더 생략된 형태로 제시해도 충분할 것이다.

구구단을 쓰지 않는 일반적인 곱셈법

5나 7 곱하기 등 다른 법칙들도 앞에 나온 내용과 비슷하다. 하지만 8이나 9를 곱하는 법칙은 조금 다르다. 정리해보면 다음과 같다.

1. 7을 곱하는 법칙은 6을 곱하는 법칙과 아주 유사해서, 원래 숫자를 두 배 하기만 하면 된다. 즉 앞의 방법을 비슷하게 적용하면 7을 곱하는 법칙이 유도된다. $6 \cdot N$ 대신 $7 \cdot N$ 이라는 점, 6을 $\frac{1}{2} \cdot 10 + 1$로 대체하는 대신 7을 $\frac{1}{2} \cdot 10 + 2$로 대체한다는 점만 다르다.
2. 5를 곱하는 법칙도 한 가지만 빼면 모두 똑같다. $6 \cdot N = (\frac{1}{2} \cdot 10 + 1) \cdot N$으로 하는 대신 더 간단하게 $5 \cdot N = \frac{1}{2} \cdot 10 \cdot N$이 된다. 앞 단락에서 적절하게 변형하기만 하면 7 또는 5를 곱하는 법칙을 쉽게 유도할 수 있다.
3. 9나 8을 곱하는 곱셈은 둘 다 다른 접근이 필요하며, 계산 도중에 지금까지와 다른 방법을 사용한다.

9를 곱하는 법칙

아마도 기억하고 있겠지만 구구단 없이 9를 곱하려면 다음 규칙을 따라야 한다.

1. 10에서 맨 오른쪽 숫자를 뺀다.
2. 각 자리 숫자를 9에서 뺀 후 각각 오른쪽 자리의 숫자(이웃)와 더한다.
3. 마지막 자릿수에 도달해서 답의 맨 왼쪽 숫자를 구할 차례가 되면 주어진 문제의 맨 왼쪽 숫자에서 1을 뺀다.

이 과정에서 1을 받아올림하는 경우가 있지만 받아올림하는 수가 1보다 더 커지지는 않는다. 이제 9를 곱하는 법칙이 어떻게 만들어지는지 살펴보자. 9는 10-1로 바꿔 쓸 수 있다. 이렇게 하면 법칙을 이끌어내는 데 도움이 된다. 어떤 숫자 a에서 $9a$ 혹은 9 곱하기 a도 역시 $10a - a$로 쓸 수 있다.
9에 곱하려는 대상 숫자를 N이라 하고 앞에서 했던 것처럼 식을 전개하면 다음과 같다.

$$9 \cdot N = 9 \cdot (a \cdot 1{,}000 + b \cdot 100 + c \cdot 10 + d)$$
$$= 9 \cdot a \cdot 1{,}000 + 9 \cdot b \cdot 100 + 9 \cdot c \cdot 10 + 9 \cdot d$$

이제 9를 10-1로, $9a$를 $10a-a$로 대체한다.

$$9 \cdot N = 10 \cdot a \cdot 1{,}000 - a \cdot 1{,}000 + 10 \cdot b \cdot 100 - b \cdot 100$$
$$+ 10 \cdot c \cdot 10 - c \cdot 10 + 10 \cdot d \cdot 1 - d \cdot 1$$
$$= a \cdot 10{,}000 - a \cdot 1{,}000 + b \cdot 1{,}000 - b \cdot 100 + c \cdot 100$$
$$- c \cdot 10 + d \cdot 10 - d$$

여기까지는 앞에서 살펴봤던 6을 곱하는 법칙과 비슷하다. 이제 9를 곱하는 법칙을 다룰 때 필요한 새로운 방법이 등장한다. 같은 수를 더하고 빼는 것인데, 당연히 이렇게 해도 원래 수는 변하지 않는다. 예를 들어 25에서 2를 더하고 다시 빼면 25+2-2가 되어서 여전히 25이다. 또한 같은 수를 더하고 뺀다는 것은 0을 더하는 것과 같으며, 수의 원래 값은 변하지 않는다. 25에 0을 더해도 여전히 25인 것처럼 말이다. 따라서 필요에 따라 25를 25+2-2, 25+7-7 등으로 쓸 수 있다.

이런 작업이 무의미해 보일 수도 있지만, 여러 항을 함께 더할 때 이런 방법은 매우 도움이 된다. -2와 같은 음수를 다른 항과 같이 묶고 +2와 같은 양수를 다른 항과 같이 묶는데, 이런 식으로 계속 묶어나가다 보면 각 항들을 간단한 형태로 만들 수 있기 때문이다.

9를 곱하는 법칙의 예에서는 다음과 같이 9,000, 9000, 90, 9를 더했다가 뺀다.

$$9 \cdot N = a \cdot 10{,}000 - 9{,}000 + 9{,}000 - a \cdot 1{,}000 + b \cdot 1{,}000$$
$$- 900 + 900 - b \cdot 100 + c \cdot 100 - 90 + 90$$
$$- c \cdot 10 + d \cdot 10 - 9 + 9 - d$$

천의 자리를 함께 묶고 백의 자리를 함께 묶는 식으로 정리한다.

$$9 \cdot N = a \cdot (10{,}000) + (9-a+b) \cdot 1{,}000 + (9-b+c) \cdot 100$$
$$+ (9-c+d) \cdot 10 + (9-d) \cdot 1$$
$$- (9{,}000 + 900 + 90 + 9)$$

마지막 줄의 괄호 안 수들을 더하면 9,999이다. 이 수는 10,000-1로 바꿔 쓸 수 있다.

$$9 \cdot N = a \cdot 10{,}000 + (9-a+b) \cdot 1{,}000 + (9-b+c) \cdot 100$$
$$+ (9-c+d) \cdot 10 + (9-d) \cdot 1 - 10{,}000 + 1$$
$$= (a-1) \cdot 10{,}000 + (9-a+b) \cdot 1{,}000$$
$$+ (9-b+c) \cdot 100 + (9-c+d) \cdot 10 + (10-d) \cdot 1$$

이는 9를 곱하는 법칙을 기호로 나타낸 것과 완전히 같다.

8을 곱하는 법칙

9를 10-1로 쓸 수 있는 것처럼 8은 10-2로 바꿔 쓸 수 있다. 그러면 같은 숫자를 빼고 더할 때 조금 달라지는 것을 빼고는 9를 곱하는 법칙과 같다. 앞에서는 9,000, 900, 90, 9를 더하고 뺐는데, 8을 곱하는 법칙에서는 두 배인 18,000, 1,800, 180, 18을 더하고 뺄 것이다. 그렇게 하면 9에서부터 뺄 때(첫 번째 단계에서는 10에서부터 빼지만) 얻은 것을 두 배 하게 되고, 답의 맨 왼쪽 숫자는 주어진 문제의 맨 왼쪽 숫자보다 1이 아니라 2만큼 작아지게 된다. 이는 정확히 8을 곱하는 법칙과 같다.

숫자를 제곱하기

이전 장에서는 어떤 수의 제곱, 즉 그 수를 자기 자신과 곱하는 방법을 배웠다. 우리는 먼저 두 가지 특정한 수의 제곱법으로 시작했다.

1. 35 같이 5로 끝나는 두 자리 수를 제곱해 보자. 35 곱하기 35를 하려면 3과 그 다음 큰 수인 4를 곱해 12를 구한 뒤 12 뒤에 25를 붙인다. 그러면 답 1,225를 얻게 된다. 대수적 기호로 표현하면 이런 숫자들은 $a \cdot 10+5$의 형태이다. 우리가 원하는 제곱의 답은 $(a \cdot 10+5)^2 = (a \cdot 10+5) \cdot (a \cdot 10+5)$로 표시할 수 있다.

괄호 안을 전개해보자.

$$(a\cdot 10 + 5)\cdot(a\cdot 10 + 5) = a\cdot 10\cdot(a\cdot 10 + 5) + 5\cdot(a\cdot 10 + 5)$$
$$= a\cdot a\cdot 100 + a\cdot 50 + a\cdot 50 + 25$$
$$= a\cdot a\cdot 100 + a\cdot 100 + 25$$

이제 처음 두 항을 하나로 묶으면 앞에서 했던 것처럼 a를 괄호 밖으로 뽑아 낼 수 있다. 정리하면 수식은 다음과 같다.

$$(a\cdot 10 + 5)^2 = a\cdot(a\cdot 100+100) + 25$$
$$= a\cdot(a + 1)\cdot 100 + 25$$

이것이 제곱 계산법을 기호로 나타낸 것이다. $a \cdot (a+1)$는 원래 십의 자리에 그 보다 1 큰 수를 곱한 값이다. 여기에 100을 곱한 값은 25와 같은 자릿수에 겹쳐지지 않는다. 어떤 수에 100을 곱하면 0 두 개가 뒤에 붙기 때문이다.

2. 56처럼 두 자리 수의 첫째 자리의 숫자가 5면, 5를 제곱한 25를 일의 자리 숫자(56에서는 6)와 더한다. 그 결과값이 답의 처음 두 자리가 된다. 56의 제곱은 =31??의 형태로 부분적으로 표시할 수 있다. 뒤의 두 자리를 채우기 위해서는 주어진 수의 일의 자리를 제곱하면 된다. 56에서는 6을 제곱한 36이다. 이 값이 나머지 답이므로 전체 해답은 3,136이다.

이런 숫자들은 $(5 \cdot 10 + a)^2$의 형태로 나타낼 수 있다. 이는 $(5 \cdot 10 + a) \cdot (5 \cdot 10 + a)$와 같다. 위에서 했던 것처럼 괄호 안을 전개해보자.

$$(5 \cdot 10 + a)^2 = 5 \cdot 10 \cdot 5 \cdot 10 + 5 \cdot 10 \cdot a + 5 \cdot 10 \cdot a + a \cdot a$$
$$= 25 \cdot 100 + 100 \cdot a + a^2$$
$$= (25 + a) \cdot 100 + a^2$$

이 장 처음에서 56을 제곱할 때 수행했던 과정을 기호로 표시한 것이다.

3. 두 자리 수의 제곱법을 일반적으로 설명하면 다음과 같다. 73을 예로 들어 보자.
   (1) 답의 일의 자리는 주어진 수의 일의 자리를 제곱해서 구한다.
   (2) 답의 십의 자리는 주어진 수의 교차곱을 두 배 해서 구한다. 73이라면 7 곱하기 3을 두 배 한 42가 된다.
   (3) 답의 백의 자리와 천의 자리는 주어진 수의 십의 자리를 제곱해서 구한다.

이런 방식으로 73을 제곱하면 다음과 같다.

$$\begin{array}{r} 7\ 3^2 \\ \hline 5\ 3\ ^4 2\ 9 \end{array}$$

$a \cdot 10 + b$ 같은 두 자리 수의 제곱에 대한 일반적인 형태는 아래와 같다.

$$(a \cdot 10 + b)^2 = (a \cdot 10 + b) \cdot (a \cdot 10 + b)$$
$$= a \cdot 10 \cdot (a \cdot 10 + b) + b \cdot (a \cdot 10 + b)$$
$$= a \cdot 10 \cdot a \cdot 10 + a \cdot 10 \cdot b + b \cdot a \cdot 10 + b^2$$
$$= a^2 \cdot 100 + 2a \cdot b \cdot 10 + b^2$$

이는 바로 위에서 말한 계산 과정과 같다. $a \cdot b$는 십의 자리와 일의 자리의 교차 곱이다. 이 방정식은 왜 거기에 두 배를 해야 하는지 보여준다.

UT 곱셈법으로 곱셈하기

먼저 617 곱하기 3처럼 세 자리 수에 한 자리 수를 곱하는 계산을 살펴보자.

$$\frac{0\ 6\ 1\ 7\ \times\ 3}{1\ 8\ 5\ 1}$$

이 계산은 617의 오른쪽에서 왼쪽으로 UT를 옮겨가면서 한다.

$$\frac{0\ 6\ 1\ \overset{U\ T}{7}\ \times\ 3}{1}$$

1은 21(7 × 3)의 일의 자리이다

UT를 이동한다.

$$\frac{0\ 6\ \overset{U\ \ \ T}{1\ \ 7}\ \times\ 3}{5}$$

5는 1 × 3의 일의 자리에 7 × 3의 십의 자리를 더한 수

이런 방식으로 계산해나간다.

세 자리 수를 대수 항으로 나타내어 살펴보자. 일반적인 a, b, c로 나타내면 다음과 같다.

$$a \cdot 100 + b \cdot 10 + c \cdot 1$$

여기에 한 자리 수 n을 곱해보자.

$$(a \cdot 100 + b \cdot 10 + c \cdot 1) \cdot n$$

곱셈이 대수학적인 형태로 표현되었다. 괄호 안을 전개하면 아래와 같다.

$$(a \cdot 100 + b \cdot 10 + c \cdot 1) \cdot n$$
$$= n \cdot a \cdot 100 + n \cdot b \cdot 10 + n \cdot c \cdot 1$$

각각의 $n \cdot a, n \cdot b, n \cdot c$는 한 자리 수 두 개의 곱으로, 결과는 7 곱하기 3이 21인 것처럼 보통 두 자리 수가 된다. 확실히 하기 위해서는 이 수들을 두 자리 수의 형태로 바꿔 쓴다. 아래 첨자가 붙은 새로운 기호를 써서 표현하도록 하겠다. 예컨대 U_a는 a와 승수(곱하는 수) n 사이 곱의 일의 자리를 나타내는 한 자리 수를 뜻한다. 승수 n은 원래 문제에서 주어진 수에 곱하는 수를 뜻하므로 이 기호에 대해서는 특별하게 설명하지 않아도 될 것이다. U_a의 아래 첨자 a는 n에 a를 곱한다는 것을 뜻하고, U_a의 U는 결과의 일의 자리를 뜻한다. 이를 다음과 같이 나타낼 수 있다.

$$n \cdot a = T_a \cdot 10 + U_a$$
$$n \cdot b = T_b \cdot 10 + U_b$$
$$n \cdot c = T_c \cdot 10 + U_c$$

a x n의 십의 자리와 일의 자리

곱셈식에 위의 식을 대입하면 아래와 같다.

$$(a \cdot 100 + b \cdot 10 + c \cdot 1) \times n$$
$$= (T_a \cdot 10 + U_a) \cdot 100 + (T_b \cdot 10 + U_b) \cdot 10 + (T_c \cdot 10 + U_c) \cdot 1$$

괄호 안을 전개한다.

$(a·100 + b·10 + c·1) \times n$
$= T_a·1{,}000 + U_a·100 + T_b·100 + U_b·10 + T_c·10 + U_c$
$= T_a·1{,}000 + (U_a + T_b)·100 + (U_b + T_c)·10 + U_c$

다음 사실을 기억해두자.

1. U와 T는 곱하는 수 n과 곱했을 때 얻는 일의 자리, 십의 자리 수를 의미한다.
2. 아래 첨자는 원래 숫자의 어느 자리 숫자를 n에 곱했는지를 표시한다.

마지막으로 얻은 방정식이 UT 곱셈법을 나타낸다는 것을 눈치챘는가? 항 $(U_b+T_c)·10$의 예를 들어보자.

$$U_b = \text{일의 자리 } b \times \text{승수 } n$$
$$T_c = \text{십의 자리 } c \times \text{승수 } n$$

이제 이것을 우리가 하던 방식대로 곱셈에 적용해보자.

$$\underline{a\ b\ c} \times n$$

U_b와 T_c를 그것이 지시하는 자리 수 위에 적는다.

$$\begin{array}{c} U_b\ T_c \\ \underline{a\ b\ c} \times n \end{array}$$

제자리에 바로 놓였다면 아래 첨자가 필요 없다. 다음과 같이 간단히 적으면 된다.

$$\begin{array}{c} \quad\ U\ T \\ \underline{a\ b\ c}\ \ n \\ * \end{array}$$

* 위치에 답이 들어간다

답의 나머지 자리 숫자들도 이와 똑같은 방식으로 방정식의 항에서부터 구할 수 있다. 한 자리 수를 곱할 때 일의 자리와 십의 자리 곱셈법이 어떻게 작동하는지 알게 되었을 것이다.

곱하는 수가 길 때의 곱셈

617에 23을 곱하고 싶다면? 답의 각 자리 숫자마다 UT를 두 개씩 사용한다. 다음과 같이 UT 두 개에서 나온 숫자 둘을 더해서 답의 각 자리 숫자를 구한다.

$$0 0 6 1 7 \times 2 3$$
$$\cdot 1$$

61과 3을 UT식 계산하여 나온 1$\underline{8}$+0$\underline{3}$=8과, 17과 2를 계산하여 나온 0$\underline{2}$+1$\underline{4}$=3을 더한다.
8+3=11

이 예제를 끝까지 계산해보자.

$$0 0 6 1 7 \times 2 3$$
$$1 4 \cdot 1 9 1$$

abc라는 임의의 세 자리 수에 mn이라는 임의의 두 자리 수를 곱한다고 해보자. 이 곱셈을 자세하게 풀어 쓰면 아래와 같다.

$$(a \cdot 100 + b \cdot 10 + c \cdot 1) \times (m \cdot 10 + n)$$

괄호 안을 전개하면, 우리가 구하고 싶은 아래와 같은 답이 나온다.

$$a \cdot 100 \cdot m \cdot 10 + a \cdot 100 \cdot n + b \cdot 10 \cdot m \cdot 10 + b \cdot 10 \cdot n$$
$$+ c \cdot m \cdot 10 + c \cdot n$$
$$= a \cdot m \cdot 1{,}000 + a \cdot n \cdot 100 + b \cdot m \cdot 100 + b \cdot n \cdot 10$$
$$+ c \cdot m \cdot 10 + c \cdot n \cdot 1$$

첫째 항은 두 개의 한 자리 수를 곱한 $a \cdot m$으로, 보통 두 자리 수가 나온다. 두 자리 숫자들 $a \cdot m, a \cdot n, b \cdot m$ 등은 두 자리 수 형태로 적어야 한다. 앞에서 승수가 한 자리 수일 때 같은 기호를 도입해서 그렇게 했다.

이제는 승수가 달라졌기 때문에 또 다른 아래 첨자가 필요한데, 반은 m, 반은 n을 쓴다. 승수가 23인 위의 예제에서 반은 23의 2, 반은 3으로 계산했다. 어떤 숫자로 작업 중인지 기억하기 위해 아래 첨자를 하나 더 써서 U_{am}과 같이 표시하자. 알파벳이 세 개나 쓰였지만 여전히 한 자리 수를 나타낸다. 아래 첨자 두 개를 쓰는 이유는 어떤 숫자를 곱하고 있는지 알기 쉽게 표시하기 위해서다.

여기 우리가 필요한 두 자리 수의 식들이 있다.

$$a \cdot m = T_{am} \cdot 10 + U_{am}$$
$$a \cdot n = T_{an} \cdot 10 + U_{an}$$
$$b \cdot m = T_{bm} \cdot 10 + U_{bm}$$
$$b \cdot n = T_{bn} \cdot 10 + U_{bn}$$
$$c \cdot m = T_{cm} \cdot 10 + U_{cm}$$
$$c \cdot n = T_{cn} \cdot 10 + U_{cn}$$

이 식을 곱셈식의 답에 대입하면 다음과 같다.

$$(T_{am} \cdot 10 + U_{am}) \cdot 1{,}000 + (T_{an} \cdot 10 + U_{an}) \cdot 100$$
$$(T_{bm} \cdot 10 + U_{bm}) \cdot 100 + (T_{bn} \cdot 10 + U_{bn}) \cdot 10$$
$$(T_{cm} \cdot 10 + U_{cm}) \cdot 10 + (T_{cn} \cdot 10 + U_{cn})$$

이제 괄호 속을 전개하고 항을 재배치해서 최종적으로 답이 어떻게 표시되는지 보자.

답 = $T_{am}\cdot$**10,000** $+ (T_{an} + U_{am} + T_{bm})\cdot$**1,000**
$\quad\quad\quad + (U_{an} + T_{bn} + U_{bm} + T_{cm})\cdot$**100**
$\quad\quad\quad + (U_{bn} + T_{cn} + U_{cm})\cdot$**10** $+ U_{cn}$

대수 기호로 표시된 이 식은 곱셈을 진행하는 단계에서 구한 UT 쌍을 모두 더한 결과를 나타낸다. 이보다 더 긴 수에 긴 승수를 곱하는 곱셈도 같은 방식을 적용해서 증명할 수 있다.

숫자의 일반적인 표현

끝으로 $a\cdot1,000 + b\cdot100 + c\cdot10 + d$ 같은 일반적인 형태의 수를 다룰 것이다. 보통 a,b,c,d와 같이 쓸 수 있으며 모든 네 자리 수를 나타낸다.

네 자리 수로 한정짓지 않고 다항식을 더 일반적으로 만들 수도 있다. 어떤 자릿수의 수라도 대체할 수 있는 식을 만들 수 있는 것이다. 그렇게 하려면 다음의 두 가지 방법이 필요하다.

1. 숫자 오른쪽 어깨 위에 거듭제곱 표시를 할 줄 알아야 한다. 이미 7의 제곱을 7^2으로 표시하면서 거듭제곱을 다룬 적이 있다. '2'는 7을 두 번 곱했음을 뜻한다. $7^2 = 7 \times 7 = 49$이다. 같은 방식으로 7^3은 7을 세 번 곱한 것이며, $7^3 = 7 \times 7 \times 7 = 343$이다. 거듭제곱으로 7^4, 7^{23} 등 얼마든지 표현할 수 있다.

10에 거듭제곱을 적용하면 10의 지수는 1 다음에 0이 몇개 붙는지를 말해준다. 예를 들어 $10^2 = 10 \times 10 = 100$이고 0이 두 개 붙었다. 10^4는 10을 네 번 곱한 수로 $10^4 = 10 \times 10 \times 10 \times 10 = 10,000$이다. 0이 네 개 붙었다.

2. '합을 만들어 내라.'를 지시하는 기호인 Σ를 알아야 한다. 이 기호는 그리

스어로 알파벳 's'에 해당한다. s는 이유는 합(sum)의 약자이며 다음과 같이 쓴다.

$$\sum_{n=1}^{n=3} 2^n = 2^1 + 2^2 + 2^3$$

이 두 가지 방법을 이용해서 숫자를 가장 일반적인 형태로 나타내보자. 먼저 다시 한번 네 자리 수인 $a \cdot 1,000 + b \cdot 100 + c \cdot 10 + d$를 살펴보자. 거듭제곱 표기를 이용하면 $a \cdot 10^3 + b \cdot 10^2 + c \cdot 10^1 + d \cdot 1$로 쓸 수 있다. 마지막 항 d는 1을 곱했으므로 뒤에 0이 붙지 않는다. 10의 거듭제곱은 Σ 기호를 쓰기에 적절한 형태이다. 왜냐하면 자리 수들을 한꺼번에 10^n으로 표시할 수 있기 때문이다. 네 자리 수에서 지수 n 자리에는 3, 2, 1, 0이 차례대로 들어간다. 또 a, b, c, d는 다음과 같은 새로운 기호로 바꿔 써야 한다.

$$a = a_3$$
$$b = a_2$$
$$c = a_1$$
$$d = a_0$$

그러면 다음과 같이 쓸 수 있다.

$$a \cdot 1,000 + b \cdot 100 + c \cdot 10 + d = \sum_{n=0}^{n=3} a_n \cdot 10^n$$

우리는 이제 가장 일반적인 숫자 형태인 k 자릿수로 넘어갈 수 있게 되었다. k에는 원하는 어떤 값도 들어갈 수 있다. 가장 일반적인 숫자 N은 아래와 같이 표기된다.

$$N = \sum_{n=0}^{nk} an \cdot 10^n$$

이 기호를 가지고 앞에서와 같은 추론을 계속하면 대상 숫자가 몇 자릿수든 우리의 계산법을 이끌어낼 수 있다 또한 앞에서 언급한 것들 외에 다른 트라첸버그 계산법도 일반적인 형태로 유도할 수 있다.

스피드 계산법을 마치며

지금까지 유대인 스피드 수학의 기본 계산법을 알아보았다. 이 계산법은 산수 기술에서 아주 중요하며 완전히 새로운 접근법이다. 이 책을 통해 부지런히 연습했다면 지금쯤 이 새로운 계산법을 어느 정도 파악했을 것이다. 물론 점점 어려워진다 싶은 순간도 있었을 테지만 이는 자연스런 현상이다. 유대인 스피드 계산법은 지금까지 익숙하게 사용했던 방법들과 다른 데다, 오래된 습관을 바꾸기란 쉽지 않기 때문이다. 그러나 인내와 반복을 통해서 극복할 수 있다. 새로운 것을 배우고 난 뒤의 성취감이 인내의 시간을 보상해줄 것이다.

유대인 스피드 계산법은 계산 실력을 키우는 데 크게 도움을 준다. 단순히 공식을 암기하고 의미 없이 반복적으로 문제를 푸는 수학은 수학을 재미없고 지루한 과목으로 만들 뿐이다. 하지만 우리가 익힌 새로운 계산법은 공부를 생생하게 느끼지도록 해주고, 자연스럽게 다양한 과목까지 흥미를 갖도록 이끈다. 그렇다고 유대인 스피드 계산법이 중고등학생에게만 도움이 되는 것은 아니다. 평소 계산에 서툰 성인들도 이 계산법을 익혀 여러 분야에서 충분히 활용할 수 있다.

1940년대 후반부터 트라첸버그 학교에 들어온 아이들은 모두 이 방법을 배웠다. 결과는 놀라웠다. 새로 익힌 기술에 신이 난 학생들은 하루가 다르게 발전해나갔다. 자신감과 성취감으로 가득 차게 되었으며 수업은 지루할 틈이 없었다. 1장에서부터 유대인 스피드 계산법을 배운 여러분도 얼마나 참신한 방법인지 느꼈을 것이다.

유대인 스피드 계산법은 정확성을 강조한다. 이 계산은 정답을 얻기 전까지는 아직 끝난 것이 아니다. 다시 말하면 정답을 검증해내기 전까지는 끝나지 않는다는 말이다. 하지만 일상생활 속에서 이 원칙은 거의 지켜지지 않는다. 대부분 계산 결과를 검산하지 않는다. 검산한다 하더라도 똑같은 계산을 반복할 뿐이다. 그러나 이 책에서는 정확하게 믿을 수 있는 검산 방법들을 그때그때 반복해서 다루고 있다. 특히 4장 덧셈 계산에서는 개별 연산을 위해 만든 특별한 검산법도 살펴보았다. 5장 나눗셈 계산에서는 조금 다른 종류의 검산법이 등장한다.

오류를 찾고 수정하는 검산 과정 외에 유대인 스피드 계산법은 또 다른 의미의 정확성도 강조한다. 이 계산법을 배우면서 집중력이 조금씩 늘어나는 것을 느꼈을 터이다. 올바르게 집중하는 습관을 들이면 실수가 줄어들기 때문에 검산할 때 오류도 적어진다. 집중력이 향상되면 정확성도 늘어난다.

이 계산법을 성공적으로 습득하고 나면 자신감도 생긴다. 의외로 자신감은 낯선 감정이다. 특히 수학에서 자신감이란 더욱 멀고 멀다. 이 모든 요소들은 수학과 관련된 과목 전반에 대한 흥미를 유발하는 효과가 있다. 이런 흥미 유발 효과야말로 유대인 스피드 계산법의 가장 큰 성과이다. 모든 독자들이 유대인 스피드 계산법을 통해 지적인 즐거움을 느끼고 수학에 자신감을 찾기를 바란다.

수학선생님도
몰래 보는
스피드 계산법

1판 3쇄 인쇄 2021년 1월 10일
1판 1쇄 발행 2015년 8월 30일

저　자 | 야콥 트라첸버그
역　자 | 김아림
인　쇄 | 열린문화

발행인 | 손호성
펴낸곳 | 봄봄스쿨

등　록 | 제 300-2010-174호
주　소 | 서울 서대문구 연희동 136-31 제니 더 플래인 2층 202호
전　화 | 070.7535.2958
팩　스 | 0505.220.2958
e-mail | atmark@argo9.com
Home page | http://www.argo9.com

ISBN 979-11-85423-97-5 14400
ISBN 979-11-85423-43-2 (세트)

※ 값은 책표지에 표시되어 있습니다.
※ 〈봄봄스쿨〉은 국내 친환경 인증 콩기름 잉크를 사용하여 인쇄합니다.